大数据时代计算机网络信息安全与防护研究

孙　勐　顾彩峰　贾胜颖 ◎著

中国商务出版社
CHINA COMMERCE AND TRADE PRESS

图书在版编目（CIP）数据

大数据时代计算机网络信息安全与防护研究 / 孙勐，
顾彩峰，贾胜颖著. -- 北京：中国商务出版社，2022.4
ISBN 978-7-5103-4203-5

Ⅰ．①大… Ⅱ．①孙… ②顾… ③贾… Ⅲ．①计算机
网络－信息安全－研究 Ⅳ．①TP393.08

中国版本图书馆CIP数据核字(2022)第050508号

大数据时代计算机网络信息安全与防护研究

DASHUJU SHIDAI JISUANJI WANGLUO XINXI ANQUAN YU FANGHU YANJIU

孙勐　顾彩峰　贾胜颖　著

出　　版：中国商务出版社

地　　址：北京市东城区安外东后巷28号　　邮　编：100710

责任部门：教育事业部（010-64283818）

责任编辑：刘姝辰

直销客服：010-64283818

总 发 行：中国商务出版社发行部　（010-64208388　64515150 ）

网购零售：中国商务出版社淘宝店　（010-64286917）

网　　址：http://www.cctpress.com

网　　店：https://shop162373850.taobao.com

邮　　箱：347675974@qq.com

印　　刷：三河市金兆印刷装订有限公司

开　　本：787毫米×1092毫米　1/16

印　　张：11　　　　　　　　　　　字　数：226千字

版　　次：2023年7月第1版　　　　　印　次：2024年7月第2次印刷

书　　号：ISBN 978-7-5103-4203-5

定　　价：58.00元

前　言

大数据推动了信息传播和数据处理方式的转变，改变了人们的生活理念和行为规范，使数据信息成为社会健康发展的中坚力量。在大数据时代下，人们每天要接收大量的网络信息，然而，如何维护网络信息安全，保护个人隐私，逐渐成为计算机网络信息安全的研究重点。

如何才能从大数据中获得想要的数据信息呢？海量的原始数据只有经过分类、加工、整理、分析才能满足不同的要求；而要处理海量的数据，就需要大数据技术的支持。大数据分析通常和云计算联系在一起，这是因为对于海量的数据处理，以前计算机的分析速度已经远远不能满足要求，大数据时代呼唤着新型的计算机工作方式出现。大数据是由人类日益普及的网络行为伴生的，是相关部门、企业采集的，蕴含数据生产者真实意图、喜好的，非传统结构和意义的数据。从海量数据中"提纯"出有用的信息，这对网络架构和数据处理能力而言也是巨大的挑战。

本书首先对大数据时代的主要特点进行概述，进而研究在大数据时代下计算机网络所面临的安全隐患，并以此为依据进一步分析在大数据时代下如何有效地保障计算机网络信息安全，并提出有效的防护措施。

在本书的策划和编写过程中，曾参阅了国内外有关的大量文献和资料，从其中得到启示；同时也得到了有关领导、同事、朋友及学生的大力支持与帮助。在此致以衷心的感谢！网络安全防护是一个崭新的领域，涉及的内容范围又比较广，加上编者学识水平和时间所限，书中难免有不妥之处，敬请同行专家及读者指正，以便进一步完善提高。

编者

2021 年 12 月

目　录

第一章　大数据时代

第一节　大数据的概述

"大数据"（Big Data）逐步成为互联网信息技术行业的流行词汇。互联网上的数据每年增长近50%，每两年便将翻一番，而目前世界上90%以上的数据是最近几年才产生的。此外，数据又并非单纯指人们在互联网上发布的信息，全世界的工业设备、汽车、电表上有着无数的数码传感器，随时测量和传递着有关位置、运动、振动、温度、湿度乃至空气中化学物质的变化，也产生了海量的数据信息。

大数据技术的战略意义不在于掌握庞大的数据信息，而在于对这些含有意义的数据进行专业化处理。换言之，如果把大数据比作一种产业，那么这种产业实现盈利的关键在于，提高对数据的"加工能力"，通过"加工"实现数据的"增值"。而且中国物联网校企联盟认为，物联网的发展离不开大数据，依靠大数据可以提供足够有利的资源。

随着云时代的来临，大数据也吸引了越来越多的关注。大数据通常用来形容一个公司创造的大量非结构化和半结构化数据，这些数据在下载到关系数据库用于分析时会花费过多时间和金钱。大数据分析常和云计算联系到一起，因为实时的大型数据集分析需要像Map Reduce一样的框架来向数十、数百或甚至数千台计算机分配工作。

大数据分析相比于传统的数据仓库应用，具有数据量大、查询分析复杂等特点。

大数据最主要的作用是服务，即面向人、机、物的服务。对机器来说，需要数据有一些关联，能够从中分析出有用的信息，数据类型包括非结构化、半结构化、结构化等。人、机、物对数据的贡献和参与度非常高，从数据规模上，可看到人到物的世界是从小到大，从数据质量来讲，人提供的数据质量是最高的。

传统数据库/数据仓库是GB/TB级的高质量、较干净、强结构化、Top-down、重交易、确定解。大数据是PB级的，有噪声、有冗余、非结构化、Bottom-up、重交互、满意解。大数据出现后，NoSQL（Not Only SQL）模式变得非常流行。大数据引发了一些问题，如对数据库高并发读写要求、对海量数据的高效存储和访问需求、对数据库高可扩展性和高可用性的需求，传统结构化查询语言（Structured Query Language，SQL）的主要性能没有用武之地。互联网巨头对于NoSQL数据模式的应用非常广泛。从大数据处理角度来看，

Map Reduce 成为事实的标准。大数据的存储和处理，已有了成熟的解决方案，对于在系统软件中占较大比重的操作系统来说没有太大变化，一些重要的命题还没有解决。例如，操作系统对新兴计算资源的直接抽象的调度（GPU、APU），分布式文件系统下的统一数据视图、全数据中心范围内能耗管理、大数据下的安全性等还不成熟，需要研发。

大多数研究大数据的商业公司，都有明确的商业目的，即更好地支撑 Web 服务，如脸书等 SNS 网站、新浪微博网站等。在大数据驱动下的 Web 服务特征是，更加流畅的网页交互体验，更加快速的社会资讯获取，更加便捷的日常工作和生活，更加深入的人、机、物融合。

第二节 大数据的发展

一、展望研究

对并行数据库来说，其扩展性近年虽有较大改善（如 Greenplum 和 Aster Data 都是面向 PB 级数据规模设计开发的），但与大数据的分析需求仍有较大差距。因此，怎样改善并行数据库的扩展能力是一项非常有挑战的工作，该项研究将同时涉及数据一致性协议、容错性、性能等数据库领域的诸多方面。

混合式架构方案可以复用已有成果，开发量较小，但只是简单的功能集成，似乎并不能有效解决大数据的分析问题，因此该方向还需要进行更加深入的研究工作。例如，从数据模型及查询处理模式上进行研究，使两者能较自然地结合起来，这将是一项非常有意义的工作。中国人民大学的 Dumbo 系统即是在深层结合方向上努力的一个例子。

Map Reduce 的性能优化进展迅速，其性能正逐步逼近关系数据库。该方向的研究又分为两个方向：理论界侧重于利用关系数据库技术及理论改善 Map Reduce 的性能；工业界侧重基于 Map Reduce 平台开发高效的应用软件。针对数据仓库领域，可认为如下几个研究方向比较重要，且目前研究还较少涉及。

（一）多维数据的预计算

Map Reduce 更多针对的是一次性分析操作。大数据上的分析操作虽然难以预测，但如基于报表和多维数据的分析仍占多数。因此，Map Reduce 平台也可以利用预计算等手段加快数据分析的速度。基于存储空间的考虑，多维联机分析处理（Multidimensional Online Analytical Processing，MOLAP）是不可取的，混合式 OLAP（Hybrid OLAP，HOLAP）应该是 Map Reduce 平台的优选 OLAP 实现方案。

（二）各种分析操作的并行化实现

大数据分析需要高效的复杂统计分析功能的支持。国际商业机器公司（International Business Machines Corporation，IBM）将开源统计分析软件 R 集成进 Hadoop 平台，增强了 Hadoop 的统计分析功能。但更具挑战性的问题是，怎样基于 Map Reduce 框架设计可并行化的、高效的分析算法，尤其需要强调的是，鉴于移动数据的巨大代价，这些算法应基于移动计算的方式来实现。

（三）查询共享

Map Reduce 采用步步物化的处理方式，导致其 I/O 代价及网络传输代价较高。一种有效降低该代价的方式是在多个查询间共享物化的中间结果，甚至原始数据，以分摊代价并避免重复计算。因此怎样在多查询间共享中间结果将是一项非常有实际应用价值的研究。

（四）用户接口

怎样较好地实现数据分析的展示和操作，尤其是复杂分析操作的直观展示。

（五）Hadoop 可靠性研究

当前 Hadoop 采用主从结构，由此决定了主节点一旦失效，将会出现整个系统失效的局面。因此，怎样在不影响 Hadoop 现有实现功能的前提下，提高主节点的可靠性，将是一项切实的研究。

（六）数据压缩

Map Reduce 的执行模型决定了其性能取决于 I/O 和网络传输代价。由实验发现，压缩技术并没有改善 Hadoop 的性能。但实际情况是，压缩不仅可以节省空间，节省 I/O 及网络带宽，还可以利用当前 CPU 的多核并行计算能力，平衡 I/O 和 CPU 的处理能力，从而提高性能。例如，并行数据库利用数据压缩后，性能往往可以大幅提升。

（七）多维索引研究

怎样基于 Map Reduce 框架实现多维索引，加快多维数据的检索速度。

当然，仍有许多其他研究工作，如基于 Hadoop 的实时数据分析、弹性研究、数据一致性研究等，都是非常有挑战和有意义的研究。

二、分析大数据市场

大数据在中国的市场发展前景非常广阔。综合考虑各种各样的影响因素，随着行业解决方案数量的增多，以及行业用户对于大数据需求的明确，未来大数据市场将进入高速增长期。在行业方面，大数据应用已经从电子商务／互联网、快消品等行业向金融、政府公共事业、能源、交通等行业扩展；从应用场景来看，已经从用户上网行为分析拓展到电力安全监控系统、舆情监测等。

从行业需求的场景来看，未来大数据需求主要集中在金融行业中的数据模型分析，电子商务行业中的用户行为分析，政府部门中城市监控，能源行业中的能源勘探等。

随着多数用户在一年内计划部署大数据解决方案，用户对大数据方案的投资也会逐渐增加。预计未来的几年，中国大数据市场每年将以超过 60% 的速度增长。

三、进军大数据

大数据带来的商业机遇被越来越多的厂商看重，传统 IT 厂商陆续推出大数据产品及解决方案，引入多年技术积累和客户资源；同时大数据新兴企业不断涌现，大有超越前者之势。

（一）传统厂商的研发

以 IBM、甲骨文、SAP、英特尔、微软为代表的老牌 IT 厂商将业务触角伸向大数据产业，推出软件、硬件及软硬件一体化的行业解决方案。这其中既包括对 Hadoop 等开源大数据技术的集成，也包括各大厂商独有的创新技术。收购也是 IT 巨头进入大数据市场的敲门砖。虚拟化巨头 VM ware 收购大数据分析的初创企业 Cetas，提供 Hadoop 平台上的分析服务，从而开启 VM ware 的大数据之旅。另外，大数据收购案例还包括天睿公司（Teradata）收购高级分析和管理各种非结构化数据领域的市场领导者与开拓者 Aster Data，IBM 收购商业分析公司 Netezza 等。

这些老牌 IT 厂商技术实力不俗，产品线丰富，在各个领域都发挥着重要作用。进军大数据市场，既增加了雄厚的技术底蕴，也能够让客户更容易接受其产品或解决方案，逐渐成为大数据产业发展的主力军。

（二）新兴企业不断涌现

与那些老牌 IT 厂商不同，大数据市场还吸引了许多新兴企业的加盟。面对大数据带来的无限商机，初创公司开始挖掘大数据的商业价值，推出别具一格的产品或解决方案。

在这些新兴企业中，有业内比较熟悉的基于 Apache Hadoop（软件框架）的大数据分析解决方案的提供商 Datameer、大数据分析公司 Connotate、大数据技术初创公司 ClearStory Data 等。

新兴企业拥有独特的技术优势，是传统 IT 企业所不具备的。相比于 IT 巨头，新兴企业更能够从细化的角度服务企业，向企业提供更专业的大数据服务。因此，在充满机遇的大数据市场，新兴企业完全有可能超越 IT 巨头，在短时间内获得市场的认可。

四、大数据将引导 IT 支出

目前，大数据最显著的影响对象是社交网络分析和内容分析，每年在这方面发生的新支出高达 45%。多年前，在 IT 预算以外的技术支出仅占技术总支出的 20%；几年之后，IT 预算以外的技术支出几乎将占到总技术支出的 90%。组织将会设立首席数据官这一角色来参与业务部门的领导工作。预计再过几年，Gartner（高德纳公司，全球技术研究和咨询公司）预测会有 25% 的组织设立首席数据官职位。Gartner 副总裁、著名分析师 DavidWil 称，"今后十年中，首席数据官将被证明是能发挥出最令人兴奋的战略作用的角色。首席数据官将在企业需要满足其客户的地方，在可以产生收入的地方和完成企业使命的地方及时发挥作用。他们将负责数字企业战略。而他们从运行后台 IT 走向前台还有漫长的道路要走，其间充满了机会。"

未来三年内，占市场支配地位的消费者社交网络将会触碰增长的天花板。但是，社交计算会变得越来越重要，企业会将社交媒体作为一个必选项来设立。

社交计算正在从组织的边缘向业务运营的核心深入。它正在改变管理的基本原则，即如何设立一种目标意识，激励人们采取行动。社交计算将会让组织摆脱层级结构，让各种团队可以跨越任何意义上的组织边界形成互动的社区。

五、数据将变得更加重要

（一）大数据将变得更加重要

非结构化数据将继续强劲增长是不言而喻的。因此，人们将继续看到集成的分析和非结构化数据存储的新产品。随着用户需要更多的性能选择以及寻求替代的产品以满足自己具体的大数据需求，大数据将扩展到以分布式计算为重点的市场。

（二）云备份技术成熟起来

在线数据备份和访问将达到企业的最有效点。企业接受云解决方案以及对云解决方案好处的理解已经创建了一个在线备份的热门市场。采用主动目录集成和用户群管理等功能，在线备份现在已成为大企业的一个必然选择。

（三）混合备份将发展

企业已经非常了解云计算能够在什么地方最有效地实现其好处。因此，近几年将是企业找到一个平衡点的时段，即找到最好提供什么功能和哪些功能最能实现其承诺的平衡点。对于大企业来说，寻找平衡点肯定会导致混合的环境。在这种环境中，云解决方案用于分散的员工和办公室；现场安装的解决方案用于网络备份。对于小型机构来说，用于数据备份和访问的云解决方案将与用于存档的本地存储解决方案结合在一起。

（四）更好的信息移动性

云环境的扩展意味着企业 IT 数据中心和云服务提供商之间需要建立更好的关系。数据和应用移动性能够让机构迁移其虚拟应用的概念成为常态。企业将部署具有高度移动性和严格保护措施的双主机数据中心配置，把一些工作量永久性地或者临时地卸载到云（或者卸载到服务提供商）。

（五）分层存储将更高级

分层次的存储已经出现一段时间，但是不久的将来，分层次的存储将变得更加高级。多层次的固态硬盘存储将在高性能数据中心普遍应用。随着用户有更多的存储数据的介质类型，集成度很高的多层文件存储选择将越来越重要。

（六）对象存储

随着更多的机构处理非结构化数据，对象存储预计将迅速增长。升级对象存储系统的能力将发挥重要作用，特别是在存档方面。

存档是以信息管理方法为基础的。最合适的技术是对象存储。因为它在云中使用，对象存储本身还是一个没有迅速吸引用户的新出现的市场。把大数据的价值与商务智能结合在一起，人们将在未来几年里看到对象存储的重要进步和处理存档内容技术进步。

（七）横向扩展网络附加存储继续依靠大数据发展

横向扩展（Scale-out）网络附加存储一直依靠大数据繁荣发展。这种趋势将继续下去。人们转向使用专有的和开源软件技术在横向扩展网络附加存储的基础上创建私有云。

第三节　大数据时代信息安全基本概念

一、计算机信息系统受到的威胁

由于计算机信息系统是以计算机和数据通信网络为基础的应用管理系统，因而它是一个开放式的互联网络系统，如果不采取安全保密措施，与网络系统连接的任何终端用户都可以进入和访问网络中的资源。目前，计算机信息系统已经在各行各业，包括金融、贸易、商业、企业各个行业部门，甚至日常生活领域中得到广泛的应用。在我国，利用计算机管理和决策信息系统从事经济活动起步较晚，但各种计算机犯罪活动已时有报道，并直接影响了计算机信息系统的普及使用。

归纳起来，计算机信息系统所面临的威胁分为以下几类：

（一）自然灾害

主要是指火灾、水灾、风暴、地震等破坏，以及环境（温度、湿度、振动、冲击、污染）的影响。目前，不少计算机房并没有防震、防火、防水、避雷、防电磁泄漏或干扰等措施，接地系统也疏于考虑，抵御自然灾害和意外事故的能力较差。日常工作中因断电而设备损坏、数据丢失的现象时有发生。

（二）人为或偶然事故

这可能是由于工作人员的失误操作使得系统出错，使得信息遭到严重破坏或被别人偷窥到机密信息，或者环境因素的忽然变化造成信息丢失或破坏。

（三）计算机犯罪

计算机犯罪是利用暴力和非暴力形式，故意泄漏或破坏系统中的机密信息，以及危害系统实体和信息安全的不法行为。

1. 通信过程中的威胁

计算机信息系统的用户在进行信息通信的过程中，常常受到两方面的攻击：一是主动攻击，攻击者通过网络线路将虚假信息或计算机病毒输入信息系统内部，破坏信息的真实性与完整性，造成系统无法正常运行，严重的甚至使系统处于瘫痪；二是被动攻击，攻击者非法窃取通信线路中的信息，使信息机密性遭到破坏、信息泄漏而无法察觉，给用户带来巨大的损失。

2. 存储过程中的威胁

存储于计算机系统中的信息，易于受到与通信线路同样的威胁。非法用户在获取系统访问控制权后，浏览存储介质上的机密数据或专利软件，并且对有价值的信息进行统计分析，推断出所需的数据，这样就使信息的保密性、真实性、完整性遭到破坏。

3. 加工处理中的威胁

计算机信息系统一般都具有对信息进行加工分析的处理功能。而信息在进行处理过程中，通常都是以原码出现，加密保护对处理中的信息不起作用。因此，在此期间有意攻击和意外操作都极易使系统遭受破坏，造成损失。

（四）计算机病毒

计算机病毒是指编制或者在计算机程序中插入的破坏计算机功能或者毁坏数据，影响计算机使用，并能自我复制的一组计算机指令或者程序代码。

"计算机病毒"这个称呼十分形象，它像一个灰色的幽灵般无处不存、无时不在。它将自己附在其他程序上，在这些程序运行时进入系统中扩散。一台计算机感染病毒后，轻则系统工作效率下降，部分文件丢失，重则造成系统死机或毁坏，全部数据丢失。

二、计算机信息系统受到的攻击

（一）威胁和攻击的对象

按被威胁和攻击的对象来划分，可分为两类：一类是对计算机信息系统实体的威胁和攻击；另一类是对信息的威胁和攻击。计算机犯罪和计算机病毒则包括了对计算机系统实体和信息两方面的威胁和攻击。

1. 对实体的威胁和攻击

对实体的威胁和攻击主要指对计算机及其外部设备和网络的威胁及攻击，如各种自然灾害与人为的破坏、设备故障、场地和环境因素的影响、电磁场的干扰或电磁泄漏、各种媒体的被盗和散失等。

信息系统实体受到威胁和攻击，不仅会造成国家财产的重大损失，而且会使信息系统的机密信息严重泄露和破坏。因此，对信息系统实体的保护是防止对信息威胁和攻击的首要一步，也是防止对信息威胁和攻击的天然屏蔽。

2. 对信息的威胁和攻击

对信息的威胁和攻击的后果主要有两种：一种是信息的泄露，另一种是信息的破坏。所谓信息泄露，就是被人偶然或故意地获得(侦收、窃取或分析破译)目标系统中的信息，特别是敏感信息，造成泄漏事件。信息破坏是指由于偶然事故或人为破坏，使得系统的信息被修改、删除、添加、伪造或非法复制，造成大量信息的破坏、失真或泄密，使信息的正确性、完整性和可用性受到破坏。

（二）被动攻击和主动攻击

按攻击的方式分，可分为被动攻击和主动攻击两类。

1. 被动攻击

被动攻击是指一切窃密的攻击。它是在不干扰系统正常工作的情况下，进行截获、窃取系统信息，以便破译分析；利用观察信息、控制信息的内容来获得目标系统的设置、身份；通过研究机密信息的长度和传递的频度获得信息的性质。被动攻击不容易被用户察觉，因此它的攻击持续性和危害性都很大。

2. 主动攻击

主动攻击是指篡改信息的攻击。它不仅是窃密，而且威胁到信息的完整性和可靠性。它以各种各样的方式，有选择地修改、删除、添加、伪造和复制信息内容，造成信息破坏。

（三）对信息系统攻击的主要手段

信息系统在运行过程中，往往受到上述各种威胁和攻击，非法者对信息系统的破坏主要采取如下手段。

1. 冒充

这是最常见的破坏方式。信息系统的非法用户伪装成合法的用户，对系统进行非法的访问，冒充授权者发送和接收信息，造成信息的泄露与丢失。

2. 篡改

网络中的信息在没有监控的情况下都可能被篡改，即将信息的标签、内容、属性、接收者和始发者进行修改，以取代原信息，造成信息失真。

3. 窃收

信息盗窃可以有多种途径：在通信线路中，通过电磁辐射侦截线路中的信息；在信息存储和信息处理过程中，通过冒充、非法访问，达到窃取信息的目的，等等。

4. 重放

将窃取的信息重新修改或排序后，在适当的时机重放出来，从而造成信息的重复和混乱。

5. 推断

这也是在窃取基础之上的一种破坏活动，它的目的不是窃取原信息，而是将窃取到的信息进行统计分析，了解信息流大小的变化、信息交换的频繁程度，再结合其他方面的信息，推断出有价值的内容。

6. 病毒

几千种的计算机病毒直接威胁着计算机的系统和数据文件，破坏信息系统的正常运行。

总之，对信息系统的攻击手段多种多样。人们必须学会识别这些破坏手段，以便采取技术策略和法律制约两方面的努力，确保信息系统的安全。

三、计算机信息系统的脆弱性

计算机系统本身也因为存在着一些脆弱性，抵御攻击的能力很弱，自身的一些缺陷常常容易被非授权用户不断利用。这种非法访问使系统中存储信息的完整性受到威胁，使信息被修改或破坏而不能继续使用；而且系统中有价值的信息被非法篡改、伪造、窃取或删除而不留任何痕迹时，若计算机信息系统继续运行，还会得出截然相反的结果，造成不可估量的损失。另外，计算机还容易受到各种自然灾害和各种误操作的破坏。

从计算机信息系统自身的结构方面分析，也有一些问题是目前短时间内无法解决的。

（一）计算机操作系统的脆弱性

操作系统是计算机重要的系统软件。它控制和管理着计算机系统所有的硬件、软件资源，是计算机系统的指挥中枢。计算机操作系统的不安全是信息系统不安全的重要原因。由于操作系统地位非常重要，使得攻击者常常将之作为主要攻击目标。

（二）计算机网络系统的脆弱性

计算机网络就是将分散在不同地理位置的计算机系统，通过某种介质连接起来，实现信息和资源的共享。但是由于无论是互联网本身还是 TCP/IP 协议，在形成初期都没有考虑到安全问题，因而造成了网络系统安全的"先天不足"。

（三）数据库管理系统的脆弱性

数据库是相关信息的集合。计算机系统中的信息通常以数据库的形式组织存放，攻击者通过非法访问数据库，达到篡改和破坏信息的目的。数据库管理系统安全必须与操作系统的安全进行配套，例如，DBMS 的安全级别为 B2 级，那么操作系统的安全级别同样是 B2 级的。数据库的安全管理还是建立在分级管理概念上的。所以，DBMS的安全也是脆弱的。

四、计算机信息安全的定义

人们对信息安全的认识，是一个由浅入深、由此及彼、由表及里的深化过程。20 世纪 60 年代的通信保密时代，人们认为信息安全就是通信保密，采用的保障措施就是加密和基于计算机规则的访问控制。到了 20 世纪 80 年代，人们的认识加深了，大家逐步意识到数字化信息除了有保密性的需要外，还有信息的完整性、信息和信息系统的可用性需求，因此明确提出了信息安全就是要保证信息的保密性、完整性和可用性，这就进入了信息安全时代。其后由于社会管理以及电子商务、电子政务等网上应用的开展，人们又逐步认识到还要关注可控性和不可否认性（真实性）。

信息安全的概念是与时俱进的，过去是通信保密或信息安全，而今天以至于今后是信息保障。

信息安全主要涉及信息存储的安全、信息传输的安全以及对网络传输信息内容的审计三方面，它研究计算机系统和通信网络内信息的保护方法。

从广义来说，凡是涉及信息的完整性、保密性、真实性、可用性和可控性的相关技术和理论都是信息安全所要研究的领域。下面给出信息安全的一般定义：计算机信息安全是指计算机信息系统的硬件、软件、网络及其系统中的数据受到保护，不受偶然的或者恶意的原因而遭到破坏、更改、泄露，系统可靠正常地运行，信息不中断。

五、计算机信息安全的特征

计算机信息安全具有以下五方面的特征。

（一）保密性

保密性是信息不被泄露给非授权的用户、实体或过程，或供其利用的特性，即防止信息泄漏给非授权个人或实体，信息只为授权用户使用的特性。

（二）完整性

完整性是信息未经授权不能进行改变的特性，即信息在存储或传输过程中保持不被偶然或蓄意地删除、修改、伪造、乱序、重放、插入等破坏和丢失的特性。完整性是一种面向信息的安全性，它要求保持信息的原样，即信息的正确生成、正确存储和传输。

完整性与保密性不同，保密性要求信息不被泄露给未授权的人，而完整性则要求信息不致受到各种原因的破坏。影响网络信息完整性的主要因素有设备故障、误码、人为攻击及计算机病毒等。

（三）真实性

真实性也称作不可否认性。在信息系统的信息交互过程中，确信参与者的真实同一性，即所有参与者都不可能否认或抵赖曾经完成的操作和承诺。利用信息源证据可以防止发信方不真实地否认已发送信息，利用递交接收证据可以防止收信方事后否认已经接收到信息。

（四）可用性

可用性是信息可被授权实体访问并按需要使用的特性，即信息服务在需要时，允许授权用户或实体使用的特性，或者是信息系统（包括网络）部分受损或需要降级使用时，仍能为授权用户提供有效服务的特性。

（五）可控性

可控性是对信息的传播及内容具有控制能力的特性。即指授权机构可以随时控制信息的机密性。

概括地说，计算机信息安全核心是通过计算机、网络、密码技术和安全技术，保护在信息系统及公用网络中传输、交换和存储信息的完整性、保密性、真实性、可用性和可控性等。

六、计算机信息安全的含义

信息安全的具体含义和侧重点会随着观察者角度的变化而变化。

从用户（个人用户或者企业用户）的角度来说，他们最为关心的问题是如何保证他们涉及个人隐私或商业利益的数据在传输、交换和存储过程中受到保密性、完整性和真实性的保护，避免其他人（特别是其竞争对手）利用窃听、冒充、篡改和抵赖等手段对其利益和隐私造成损害和侵犯，同时用户也希望他们保存在某个网络信息系统中的数据不会受其他非授权用户的访问和破坏。

从网络运行和管理者的角度来说，他们最为关心的问题是如何保护和控制其他人对本地网络信息的访问和读写等操作。比如，避免出现病毒、非法存取、拒绝服务和网络资源非法占用与非法控制等现象，制止和防御网络黑客的攻击。

对安全保密部门和国家行政部门来说，他们最为关心的问题是如何对非法的、有害的或涉及国家机密的信息进行有效过滤和防堵，避免非法泄露。秘密敏感的信息被泄密后将会对社会的安定产生危害，对国家造成巨大的经济损失和政治损失。

从社会教育和意识形态角度来说，人们最为关心的问题是如何杜绝和控制网络上不健康的内容。有害的内容会对社会的稳定和人类的发展造成不良影响。

在计算机信息系统中，计算机及其相关的设备、设施（含网络）统称为计算机信息系统的"实体"。实体安全是指为了保证计算机信息系统安全可靠运行，确保计算机信息系统在对信息进行采集、处理、传输、存储过程中，不致受到人为（包括未授权使用计算机资源的人）或自然因素的危害，导致信息丢失、泄露或破坏，而对计算机设备、设施（包括机房建筑、供电、空调等）、环境、人员等采取适当的安全措施。

第二章　防火墙技术

第一节　防火墙概述

一、什么是防火墙

防火墙（Firewall）通常是指设置在不同网络（如可信任的企业内部网和不可信的公共网）或网络安全域之间的一系列部件的组合（包括硬件和软件）。它是不同网络或网络安全域之间信息的唯一出入口，能根据企业的安全政策控制（允许、拒绝、监测）出入网络的信息流，且本身具有较强的抗攻击能力。防火墙提供信息安全服务，使 Internet 与 Intranet 之间建立起一个安全网关（Security Gateway），从而保护内部网免受非法用户的侵入。防火墙主要由服务访问规则、验证工具、包过滤和应用网关 4 部分组成，是实现网络和信息安全的基础设施。

在逻辑上，防火墙是一个分离器，一个限制器，也是一个分析器，有效地监控了内部网与 Internet 之间的任何活动，保证了内部网络的安全。

由于防火墙设定了网络边界和服务，因此更适合于相对独立的网络，如 Intranet 等。防火墙成为控制对网络系统访问的非常流行的方法。事实上，在 Internet 上的 Web 网站中，超过三分之一的 Web 网站都是由某种形式的防火墙加以保护，这是对黑客防范最严格，安全性较强的一种方式，任何关键性的服务器都应放在防火墙之后。

二、防火墙的功能

防火墙能增强内部网络的安全性，加强网络间的访问控制，防止外部用户非法使用内部网络资源，保护内部网络不被破坏，防止内部网络的敏感数据被窃取。防火墙系统可决定外界可以访问哪些内部服务，以及内部人员可以访问哪些外部服务。防火墙具备的最基本的功能包括：

（一）包过滤

早期的防火墙一般就是利用设置的条件，监测通过的数据包的特征来决定放行或者阻止的。包过滤是一种很重要的特性。虽然防火墙技术发展到现在有了很多新的理念提出，但是包过滤依然是非常重要的一环，如同四层交换机首要的仍是要具备包的快速转发这样一个交换机的基本功能一样。通过包过滤，防火墙可以实现阻挡攻击，禁止外部/内部访问某些站点，限制每个 IP 的流量和连接数。

（二）包的透明转发

由于防火墙一般架设在提供某些服务的服务器前，其连接状态一般为 Server-Fire Wall-Guest，用户对服务器访问的请求与服务器反馈给用户的信息，都需要经过防火墙的转发，因此，很多防火墙具备网关的功能。

（三）阻挡外部攻击

如果用户发送的信息是防火墙设置所不允许的，防火墙会立即将其阻断，避免其进入防火墙之后的服务器中。

（四）记录攻击

防火墙可将攻击行为都记录下来，但是出于效率上的考虑，目前一般记录攻击的事情都交给 IDS（入侵检测系统）来完成了。

以上是所有防火墙都具备的基本功能，防火墙技术就是在此基础上逐步发展起来的。随着防火墙技术的不断发展，一些新的功能也出现在新的防火墙产品中，一般来说，防火墙还应该具备以下功能：

（1）支持安全策略。即使在没有其他安全策略的情况下，也应该支持"除非特别许可，否则拒绝所有的服务"的设计原则。（2）易于扩充新的服务和更改所需的安全策略。（3）具有代理服务功能（如 FTP、Telnet 等），包含先进的鉴别技术。（4）采用过滤技术，根据需求允许或拒绝某些服务。（5）具有灵活的编程语言，界面友好，且具有很多过滤属性，包括源和目的 IP 地址、协议类型、源和目的 TCP/UDP 端口以及进入和输出的接口地址。（6）具有缓冲存储的功能，提高访问速度。（7）能够接纳对本地网的公共访问，对本地网的公共信息服务进行保护，并根据需要删减或扩充。（8）具有对拨号访问内部网的集中处理和过滤能力。（9）具有记录和审计功能，包括允许等级通信和记录可以活动的方法，便于检查和审计。（10）防火墙设备上所使用的操作系统和开发工具都应该具备相当等级的安全性。（11）防火墙应该是可检验和可管理的。

三、防火墙的缺陷

防火墙内部网络可以在很大程度上免受攻击。但是，所有的网络安全问题不是都可以通过简单地配置防火墙来解决的。虽然当单位将其网络互联时，防火墙是网络安全重要的一环，但并非安装防火墙的网络就没有任何危险，许多危险是在防火墙能力范围之外的。

（一）无法禁止变节者内部威胁

防火墙无法禁止变节者或公司内部存在的间谍将敏感数据拷贝到软盘或磁盘上，并将其带出公司。防火墙也不能防范这样的攻击：伪装成超级用户或诈称新员工，从而劝说没有防范心理的用户公开口令或授予其临时的网络访问权限。所以必须对员工们进行教育，让他们了解网络攻击的各种类型，并懂得保护自己的用户口令和周期性变换口令的必要性。

（二）无法防范防火墙以外的其他攻击

防火墙能够有效地防止通过它进行传输的信息，但不能防止不通过它而传输的信息。例如，在一个被保护的网络上有一个没有限制的拨出存在，内部网络上的用户就可以直接通过 SLIP 或 PPP 连接进入 Internet。聪明的用户可能会对需要附加认证的代理服务器感到厌烦，因而向 ISP 购买直接的 SLIP 或 PPP 连接，从而试图绕过由精心构造的防火墙系统提供的安全系统。这就为从后门攻击创造了极大的可能。网络上的用户必须了解这种类型的连接对于一个全面的安全保护系统来说是绝对不允许的。

（三）不能防止传送已感染病毒的软件或文件

这是因为病毒的类型太多，操作系统也有多种，编码与压缩二进制文件的方法也各不相同，所以不能期望 Internet 防火墙去对每一个文件进行扫描，查出潜在的病毒。对病毒特别关心的机构应在每个桌面部署防病毒软件，防止病毒从软盘或其他来源进入网络系统。

（四）无法防范数据驱动型的攻击

数据驱动型的攻击从表面上看是无害的数据被邮寄或拷贝到 Internet 主机上，但一旦执行就开始攻击。例如，一个数据驱动型攻击可能导致主机修改与安全相关的文件，使得入侵者很容易获得对系统的访问权。

（五）可以阻断攻击，但不能消灭攻击源

互联网上病毒、木马、恶意试探等造成的攻击行为络绎不绝。设置得当的防火墙能够阻挡它们，但是无法清除攻击源。即使防火墙进行了良好的设置，使得攻击无法穿透防火墙，但各种攻击仍然会源源不断地向防火墙发出尝试。

（六）不能抵抗最新的未设置策略的攻击漏洞

就如杀毒软件与病毒一样，总是先出现病毒，杀毒软件经过分析出特征码后加入病毒库内才能查杀。防火墙的各种策略，也是在该攻击方式经过专家分析后给出其特征进而设

置的。如果世界上新发现某个主机漏洞的 cracker 把第一个攻击对象选中了某用户的网络，那么防火墙也没有办法帮到该用户。

（七）防火墙的并发连接数限制容易导致拥塞或者溢出

由于要判断、处理流经防火墙的每一个包，因此防火墙在某些流量大、并发请求多的情况下，很容易导致拥塞，成为整个网络影响性能的瓶颈。而当防火墙溢出的时候，整个防线就如同虚设，原本被禁止的连接也能从容通过了。

（八）防火墙对服务器合法开放的端口的攻击大多无法阻止

某些情况下，攻击者利用服务器提供的服务进行缺陷攻击。例如，利用 ASP 程序进行脚本攻击等。由于其行为在防火墙一级看来是"合理"和"合法"的，因此就被简单地放行了。

（九）防火墙本身也会出现问题和受到攻击

防火墙也是一个 OS，也有其硬件系统和软件系统，因此依然有着漏洞和 Bug。所以其本身也可能受到攻击和出现软／硬件方面的故障。

第二节　防火墙的体系结构

一、包过滤防火墙

包过滤或分组过滤，是一种通用、廉价、有效的安全手段。之所以通用，是因为它不针对各具体的网络服务采取特殊的处理方式；之所以廉价，是因为大多数路由器都提供分组过滤功能；之所以有效，是因为它能很大程度地满足企业的安全要求。

包过滤在网络层和传输层起作用。它根据分组包的源、宿地址，端口号及协议类型、标志确定是否允许分组包通过。所根据的信息来源于 IP、TCP 或 UDP 包头。

包过滤的优点是不用改动客户机和主机上的应用程序，因为它工作在网络层和传输层，与应用层无关。但其弱点也是明显的：只能过滤判别网络层和传输层的有限信息，因而各种安全要求不可能充分满足；在许多过滤器中，过滤规则的数目是有限制的，且随着规则数目的增加，性能会受到很大影响；由于缺少上下文关联信息，不能有效地过滤如 UDP、RPC 一类的协议；大多数过滤器中缺少审计和报警机制，且管理方式和用户界面较差；对安全管理人员素质要求高，建立安全规则时，必须对协议本身及其在不同应用程序中的作用有较深入的理解。因此，过滤器通常是和应用网关配合使用，共同组成防火墙系统。

二、双宿网关防火墙

双宿网关防火墙由两块网卡的主机构成。两块网卡分别与受保护网和外部网相连。主机上运行着防火墙软件，可以提供服务，转发应用程序等。

双宿主机防火墙一般用于超大型企业，由于双宿主机用两个网络适配器分别连接两个网络，所以又称为堡垒主机。堡垒主机上运行着防火墙软件（通常是代理服务器），可以转发应用程序，提供服务等。

双宿主机网关有一个致命弱点，一旦入侵者侵入堡垒主机并使该主机只具有路由器功能，则任何网上用户均可以随便访问有保护的内部网络。

三、屏蔽主机防火墙

屏蔽主机防火墙体系结构中，分组过滤路由器或防火墙与 Internet 相连，同时一个堡垒机安装在内部网络，通过在分组过滤路由器或防火墙上过滤规则的设置，使堡垒机成为 Internet 上其他节点所能到达的唯一节点，这确保了内部网络不受未授权外部用户的攻击。

屏蔽主机防火墙配置易于实现，安全性好，应用广泛。屏蔽主机分为单宿堡垒主机和双宿堡垒主机两类。

单宿堡垒主机中，堡垒主机的唯一网卡与内部网络连接。一般在路由器上设立过滤规则，让此单宿堡垒主机成为从 Internet 唯一能访问的主机，保证内部网络不受非授权的外部用户攻击。而 Intranet 内部的客户机，能受控制地通过屏蔽主机和路由器访问 Internet。

四、屏蔽子网防火墙

堡垒机放在一个子网内，两个分组过滤路由器放在这一子网的两端，使这一子网与 Internet 及内部网络分离。在屏蔽子网防火墙体系结构中，堡垒主机和分组过滤路由器共同构成了整个防火墙的安全基础。大型企业防火墙建议采用屏蔽子网防火墙，以得到更安全的保障。这种方法是在 Intranet 和 Internet 之间建立一个被隔离的子网，用两个包过滤路由器将这一子网分别与 Intranet 和 Internet 分开。两个路由器一个控制 Intranet 数据流，另一个控制 Internet 数据流，Intranet 和 Internet 均可访问屏蔽子网，但禁止它们穿过屏蔽子网通信。可根据需要在屏蔽子网中安装堡垒主机，为内部网络和外部网络的互相访问提供代理服务，但是来自两网络的访问都必须通过两个包过滤路由器的检查。这种结构的防火墙安全性能高，具有很强的抗攻击能力，但需要的设备多，造价高。

第三节 防火墙的分类

一、包过滤防火墙

（一）包过滤的基础知识

包过滤作用在网络层和传输层，根据分组包头的源地址、目的地址、端口号和协议类型等标志确定是否允许数据包通过。只有满足过滤规则的数据包才被转发到相应目的地址的出口端，其余数据包则从数据流中丢弃。防火墙通常是一个具备包过滤功能的简单路由器，鉴于包过滤是路由器的固有属性，这是确保网络通信安全的一种简单方法。包是网络上信息流动的单位，在网络上传输的文件一般在源端被分割成一串数据包，经过中间站点，最终传到目的端，然后这些包中的数据重新被组合成原来的文件。每个包分为两部分，即包头和数据，包头中含有源地址和目的地址等信息。

包过滤一直是一种简单而有效的方法，可通过拦截数据包，读出并拒绝那些不符合规则的数据包，以此过滤掉不应进入网络的数据信息。包过滤防火墙又称为过滤路由器，通过将包头信息和管理员设定的规则表进行比较，如果有一条规则不允许发送某个包，防火墙就将它丢弃。每个数据包都是包含有特定信息的一组报头，其主要信息包括：IP 包封装协议类型（TCP，UDP 和 ICMP 等）、IP 源地址、IP 目标地址、IP 选择域的内容、TCP 或 UDP 源端口号、TCP 或 UDP 目标端口号和 ICMP 消息类型。防火墙也会获得一些在数据包头部信息中没有的、关于数据包的其他信息，如数据包到达的网络接口、数据包出去的网络接口。包过滤防火墙与普通路由器的主要区别在于，普通路由器只是简单地查看每个数据包的目标地址，并且选取数据包发往目标地址的最佳路径。

如何处理数据包上的目标地址，一般有以下两种情况：一是路由器知道如何发送数据包到其目标地址，则发送数据包；二是路由器不知道如何发送数据包到目标地址，则返还数据包，并向源地址发送"不能到达目标地址"的消息。包过滤防火墙将更严格地检查数据包，除决定是否能发送数据包到其目标地址，还决定是否应该发送。"应该"或者"不应该"由站点的安全策略决定，并由包过滤防火墙强制设置。

包过滤防火墙放置在内部网络与外部网络之间，相较普通路由器而言，其功能具有以下四个特点：一是包过滤防火墙将担负更大的责任，需要确定和执行转发任务，而且是唯一的保护系统；二是如果包过滤防火墙的安全保护措施失败，内部网络将被暴露；三是简单的包过滤防火墙不能修改任务；四是包过滤防火墙能允许或拒绝服务，但不能保护在一个服务之内的单独操作，即如果一个服务没有提供安全的操作要求，或者这个服务由不安全的服务器提供，则包过滤防火墙将不能提供安全保护。

采用包过滤方式的防火墙具有很多优点，仅用放置在重要位置上的包过滤防火墙就可保护整个内部网络。如果内部网络与外部网络之间只有一台路由器，不管站点规模有多大，只要在这台路由器上设置合适的包过滤规则，内部网络就可得到较好的安全防护。包过滤功能的实现不需要用户软件的支持，不要求对客户机做特别的设置，也没有必要对用户做任何培训。当包过滤防火墙允许数据包通过时，与普通路由器没有任何区别，用户甚至感觉不到包过滤功能的存在；只有在某些包被禁入或禁出时，用户才感觉到它与普通路由器的不同。包过滤工作对用户来讲是透明的，可在不要求用户进行任何操作的前提下完成包过滤工作。

虽然包过滤防火墙有许多优点，但也有一些缺点及局限性：一是在防火墙系统中配置包过滤规则比较困难；二是对防火墙系统中包过滤规则的配置进行测试较为麻烦；三是许多防火墙产品的包过滤功能有这样或那样的局限性，要寻找一个完整的包过滤型防火墙产品比较困难。包过滤防火墙本身可能存在缺陷，这对系统安全性的影响要大大超过应用代理防火墙对系统安全性的影响。因为应用代理防火墙的缺陷仅会使数据无法传送，而包过滤防火墙的缺陷则会使一些该拒绝的包能进出网络。即使在网络中安装了比较完善的包过滤防火墙，有些协议使用包过滤方式并不太合适，而且有些安全规则难以用包过滤防火墙来实施。例如，在包中只有来自某台主机的信息而无来自某个用户的信息，若要过滤用户，就不能用包过滤型防火墙。

包过滤规则以 IP 包信息为基础，对 IP 包的源地址、目的地址、封装协议、端口号等进行筛选。包过滤操作可以在路由器或网桥上进行，甚至可以在一个单独的主机上进行。传统的包过滤只与规则表进行匹配。防火墙的 IP 包过滤主要根据一个有固定排序的规则链进行过滤，其中的规则都包含 IP 地址、端口、传输方向、分包、协议等内容。普通的防火墙包过滤规则是在启动时就已经配置好的，只有系统管理员才可以修改，它是静态存在的，称为静态规则。

有些防火墙产品采用了基于连接状态的检查，将属于同一连接的所有包作为一个整体的数据流看待，通过规则表与连接状态表共同配合检查。动态过滤规则技术的引入弥补了防火墙的许多缺陷，从而最大限度地降低了黑客攻击的成功率，提高了系统的性能和安全性，许多数据包过滤技术能弥补基于路由器的防火墙的缺陷。由于数据包的 IP 地址域并不是路由器唯一能捕捉的域，随着数据包过滤技术的日益发展，网络安全管理员可使用的规则和方案越来越完善，甚至能将数据包中的承载信息作为过滤条件。

（二）包过滤的基本原理

包过滤防火墙可以利用包过滤手段来提高网络的安全性，其过滤功能既可由商用的硬件防火墙产品来完成，也可由基于软件的防火墙产品来完成。

1. 包过滤和网络安全策略

包过滤可以实现网络的安全策略，网络安全策略必须清楚地说明被保护的网络和服务的类型、它们的重要程度和这些服务要保护的对象等。一般来说，网络安全策略主要集中在阻止攻击者，而不是试图警戒内部用户，工作重点是阻止外部网络用户的攻击和泄露内部网络敏感数据，不是阻止内部用户使用外部网络服务，这种网络安全策略决定了包过滤防火墙应该放在哪里和怎样通过编程来执行包过滤，完善的网络安全策略还应该做到使内部网络用户也难以危害内部网络的安全。网络安全策略的目标之一是提供一个透明机制，以便这些策略不会对用户产生妨碍。因为包过滤工作在 OSI/RM 模型的网络层和传输层，而不是在应用层，这种方法一般比软件防火墙方法更具透明性，而软件防火墙工作在 OSI/RM 模型的应用层。

2. 包过滤模型

包过滤防火墙通常设置于一个或多个网段之间。网段区分为外部网段或内部网段。外部网段通过网络将用户的计算机连接到外部网络上，内部网段连接局域网内部的主机和其他网络资源。包过滤防火墙的每个端口都可实现相应的网络安全策略，并以此描述通过此端口可访问的网络服务类型。如果连接在包过滤防火墙上的网段数目过大，则包过滤要完成的服务也会相对复杂，因此，实践中应尽量避免对网络安全问题采取过于复杂的解决方案，其主要原因如下：一是复杂的解决方案更难以维护；二是在进行包过滤规则的配置时更容易出错；三是相对复杂的解决方案对实现防火墙的过滤功能容易产生负面影响。

在大多数情况下，包过滤防火墙只连接两个网段，即外部网段和内部网段，用来限制那些它的访问控制规则拒绝的网络流量。因为网络安全策略是应用于那些与外部网络有联系的内部网络用户的，所以包过滤防火墙端口两边的过滤器必须以不同的规则工作。

3. 包过滤操作

包过滤防火墙一般按照如下包过滤规则进行工作：

（1）包过滤规则必须由包过滤防火墙的端口存储；（2）当包到达端口时，防火墙对包头进行语法分析，大多数防火墙仅检查 IP、TCP 或 UDP 包头中的字段，而不检查包体的内容；（3）包过滤规则以特殊方式进行存储；（4）如果一条规则允许包传输或接收，则该包可以继续处理；（5）如果一条规则阻止包传输或接收，则此包不被允许通过；（6）如果一个包不满足任何一条规则，则该包被阻塞。

规则以正确的顺序存放很重要。配置包过滤规则时常见的错误就是将过滤规则的顺序进行错误放置，从而导致有效的数据包传输也可能被拒绝，而该拒绝的数据包传输却被允许了。

在用规则设计网络安全解决方案时，应该遵循自动防止故障原理。因为任何包过滤规则都不能完全确保网络的安全，而且随着新服务的增加，很有可能遇到与任何现有规则都不匹配的情况。

（三）包过滤规则

对收到的每个数据包，包过滤防火墙均将它与每条包过滤规则对照，然后根据比对结果来确定对该数据包采取的动作，如果包过滤防火墙中没有任何一条规则与该包对应，就将它拒绝，这就是"默认拒绝"原则。

制定包过滤规则时应注意以下三个事项：

1. 联机编辑过滤规则

一般将过滤规则以文本文件方式编辑并保存在电脑上，这样很容易采用编辑软件对它进行加工，再将它加载到包过滤防火墙。

2. 用 IP 地址值而不用主机名

在包过滤规则中，用具体的 IP 地址值来指定某台主机或某个网络而不用主机名字，这可以防止人为有意或无意地破坏名字。

3. 避免新老规则集冲突

规则文件生成后，先要将老的规则文件清除，再将新规则文件加载，这样可以避免新规则集与老规则集产生冲突。

（四）依据地址进行过滤

在包过滤防火墙中，最简单的方法是依据地址进行过滤，不管使用什么协议，仅根据源地址 / 目的地址对传输的包进行过滤。该方法只让某些被指定的外部网络主机与某些被指定的内部网络主机进行交互，还可以防止黑客采用伪装包对内部网络进行攻击。例如，为了防止伪装包流入内部网络，可以这样来制定规则：

在外部网络与内部网络间的路由器上，可以将往内的规则用于路由器的外部网络接口，来控制流入的包；或者将规则用于路由器的内部网络接口，来控制流出的包。两种方法对内部网络的保护效果是一样的，但对路由器而言，第二种方法显然没有对路由器提供有效的保护。

因为包的源地址很容易伪造，有时依靠源地址来进行过滤不太可靠，所以有一定的风险，除非再使用一些其他技术，如加密、认证，否则不能完全确认与之交互的机器就是目的机器，而不是其他机器伪装的。上面的规则能防止外部网络主机伪装成内部网络主机，而该规则对外部网络主机冒充另一台外部网络主机则束手无策。依靠伪装发动攻击有两种技术途径：源地址伪装攻击和"途中人"伪装攻击。

在源地址伪装攻击中，攻击者用一个用户认为信赖的源地址向用户发送一个包，他希望用户基于对源地址的信任而对该包进行正常的操作，并不期望用户给他什么响应，即回送他的包，因此没有必要等待返回信息，用户对该包的响应会送到被伪装的那台机器。在很多情况下，特别是在涉及 TCP 的连接中，真正的主机对收到莫名其妙的包后的反应一般是将这种有问题的连接清除。当然，攻击者不希望看到这种情况发生，他们要保证在真正的主机接到包之前就完成攻击，或者在接收到真正的主机要求清除连接前完成攻击。攻击者有一系列的手段可以做到这一点，例如：在真正主机关闭的情形下，攻击者冒充它来攻击内部网络；先破坏真正主机，以保证伪装攻击成功；在实施攻击时用大流量数据堵塞住真正的主机；对真正的主机与攻击目标间的路由进行破坏；使用不要求两次响应的攻击技术。

"途中人"伪装攻击是通过伪装成某台主机与内部网络完成交互，要实施这种伪装攻击，攻击者既要伪装成某台主机向被攻击者发送包，也要在中途拦截返回的包。为此攻击者必须完成以下两种操作：一是攻击者必须使自己处于被攻击对象与被伪装机器的路径当中，最简单的方法是攻击者将自己安排在路径的两端，最难的方法是将自己设置在路径中间，因为 IP 网络的两点之间的路径是可变的；二是将被伪装主机和被攻击主机的路径更改成必须通过攻击者的机器，这主要取决于网络拓扑结构和网络的路由系统。虽然这种技术被称为"途中人"伪装攻击技术，但这种攻击很少由处于路径中间的主机发起，因为处在网络路径中间的大都是网络服务供应商。

（五）依据服务进行过滤

很多包过滤防火墙还可依据服务进行过滤，下面将从与某种服务有关的包到底有哪些特征入手，以 Telnet 服务为例来探讨依据服务进行过滤的工作机理。Telnet 服务作为一种网络服务，它允许内部网络的本地客户机通过 Telnet 服务远程登录到外部网络的服务器，客户机就好像是与服务器直接相连的终端一样。Telnet 服务比较有代表性，从包过滤的观点来看，它也与 SMTP、NNTP 等服务比较类似。下面同时观察往外的 Telnet 数据包和往内的 Telnet 数据包。

1. 往外的 Telnet 服务

在往外的 Telnet 服务中，本地用户与远程服务器交互，必须对往外与往内的包都加以处理。在这种 Telnet 服务中，往外的包中包含了用户键盘输入的信息。

2. 往内的 Telnet 服务

在这种服务中，远程用户与本地主机通信，同样要同时观察往内与往外的包，往内的包中包含用户的键盘输入信息。

二、应用代理防火墙

（一）应用代理

应用代理防火墙是与包过滤防火墙完全不同的一种防火墙。因为工作在应用层，所以能够对应用层协议的数据内容进行更加细致的安全检查,从而为网络提供更好的安全服务。

1. 应用代理的概念

应用代理,是代理内部网络用户与外部网络主机进行数据交换的程序,将内部网络用户的请求经过筛选后送达外部网络主机,同时将外部网络主机的响应再回送给内部网络用户。应用代理作用在 OSI/RM 模型的应用层,其特点是完全"阻隔"网络通信流,通过对每种应用服务编制专门的代理程序,实现监视和控制应用层通信流的作用。因此,应用代理防火墙通常由安装了应用代理服务程序的专用服务器实现,所以应用代理防火墙也叫应用代理服务器。

应用代理服务器位于内部网络用户和外部网络主机之间,内部网络用户与代理服务器"交谈"而不是面对远在外部网络上的"真正的"外部主机。每当应用代理服务器接收到来自内部网络用户的服务请求,一旦应用代理决定接收内部网络用户的服务请求,则代理服务器将代表内部网络用户去连接真正的外部网络主机,并且转发从代理的内部网络用户到真正的外部主机的请求,并将外部主机的响应传送回代理的内部网络用户。

应用代理服务器并非将内部网络用户的全部网络服务请求,"透明"地提交给外部网络主机,因为代理服务器能依据安全规则和内部用户请求做出判断是否代理执行该请求,所以能够控制用户的请求。有些请求可能会被否决,如 FTP 应用代理可能拒绝用户把文件往远程主机上传送,或者只允许用户下载某些特定的外部站点的文件。应用代理可能对于不同的主机执行不同的安全规则,而不对所有主机执行同一个规则。

2. 应用代理的基本原理

应用代理针对某一种具体的网络服务提供细致而安全的网络防护,应用代理工作在应用层,能够理解应用层协议的信息。在用户通过应用代理访问外部服务时,应用代理通过检查应用层的数据内容来提供安全服务。例如,一个邮件应用代理程序可以理解 SMTP 与 POP3 的命令,并能够对邮件中的附件进行检查。此外,可以将应用代理设计成一个高层的应用路由,接收外来的应用连接请求,进行安全检查后,再与被保护的网络应用服务器连接。应用代理技术可以让外部服务用户在受控制的前提下使用内部网络服务。

鉴于应用代理工作在应用层,只有理解应用层的协议,才能够实现对应用层数据的检查与过滤,因此,对于不同的应用服务必须配置不同的代理服务程序。通常可以使用应用代理的服务有 HTTP、HTTPS/SSL、SMTP、POP3、IMAP、NNTP、TELNET、FTP 和 IRC 等。以 Web 应用代理为例,在使用应用代理时,首先用户必须在自己的浏览器中设置使用代理,并设置所使用的代理服务器的 IP 地址和端口,当用户从浏览器中请求访问某个 Web 页面时,整个访问过程一般会通过以下五步来完成:第一步,客户机将请求提交到 Web 代理服务器;第二步,Web 代理服务器解读该请求,并使用自己的 IP 向真正的 Web 服务器提出请求;第三步,服务器将所请求页面返回给代理服务器;第四步,代理服务器将页面存储起来,并对页面进行相应的安全检查;第五步,代理服务器将经过安全检查的页面转发给客户机。

3. 应用代理的安全性

作为一种防火墙技术，应用代理技术提供了较好的安全性，具体体现在以下四方面：

一是内部网络的用户不直接与外部网络的服务器通信，外部网络的服务器了解到的所有用户的信息均来自应用代理，因而应用代理可以起到隐藏内部网络信息的作用。

二是内部网络用户与外部服务器间的所有往来数据都必须通过应用代理中转，而应用代理能够理解应用层的数据内容，因此可以在应用代理处对数据内容进行严格的检查。如HTTP 应用代理可以实现基于 URL 的过滤、基于内容的过滤，还可以对一些嵌入内容进行检查。

三是应用代理采用存储转发的机制进行工作，因此可以在应用代理处从容地记录数据，并为日后的审计提供支持。

四是应用代理还可以提供基于用户的访问控制。应用代理防火墙可以配置成允许来自内部网络的任何连接，也可以配置成要求用户认证后才允许建立连接。要求用户认证的方式可以让应用代理只为已知的、合法的用户提供服务，从而为安全性提供了进一步的保证。如果内部网络中的某台主机被攻击，这一特性将给攻击者的进一步控制增加难度。

应用代理可以单独使用来保护内部网络。但是，由于应用代理通常只支持那些公开协议的服务，因而在单独使用应用代理来保护网络时会遇到一些非公开协议的服务无法使用的问题。在实际应用中，应用代理更多的是与包过滤技术结合起来协同工作，为公开协议的服务提供更好的安全性能的同时，支持网络中其他非公开协议的应用。

4. 应用代理的优缺点

与包过滤相比，应用代理具有如下优势：一是应用代理能够更好地隐藏内部网络的信息。对于外部网络的服务器来说，它能见到的只有应用代理服务器，因此对于外部网络而言，内部网络中除应用代理服务器外的所有主机都是不可见的。二是应用代理具有强大的日志审核功能，可以实现内容的过滤。因为应用代理工作在应用层，包过滤具有的日志审核、内容过滤方面的困难对于应用代理来说都迎刃而解。

应用代理的主要缺点如下：一是对于不同的应用层服务都需要不同的应用代理服务程序，且对用户不透明，增加了使用的复杂度。二是应用代理的处理内容多，因而处理速度较慢，不适合应用在主干网络中。三是不同应用服务的代理因为安全和效率方面的原因不能布置到同一台服务器上，需要为每种服务单独设置一个代理服务器，整个网络的造价较高。四是应用代理通常无法支持非公开协议的服务。

三、复合型防火墙

（一）传统防火墙分析

包过滤防火墙作用在 OSI/RM 模型的网络层，按照网络安全策略对 IP 包进行过滤，允许或拒绝特定的报文通过。过滤一般是基于 IP 分组的相关域（如 IP 源地址、IP 目的地址、TCP/UDP 源端口或服务类型、TCP/UDP 目的端口或服务类型等）进行的。基于 IP 源/目的地址的过滤，即根据特定内部网络的安全策略，过滤掉具有特定 IP 地址的分组，从而保护内部网络；基于 TCP/UDP 源/目的端口的过滤，因为端口号区分了不同的服务类型或连接类型（如 SMTP 使用端口 25，Telnet 使用端口 23 等），所以为包过滤提供了更大的灵活性。同时，包过滤防火墙作用在 OSI/RM 模型的网络层，所以效率较高。但是包过滤防火墙依靠的安全参数仅为 IP 报头的地址和端口信息，若要增加安全参数，势必加大处理难度，降低系统效率，故安全性较低。一般的包过滤还具有泄露内部网络的安全数据信息（如拓扑结构信息）和暴露内部网络主机安全漏洞的缺点，难以抵制基于 IP 层的攻击行为。

应用代理防火墙实质是由一个安装有应用代理程序的应用代理服务器，可接收外来的应用连接请求，进行安全检查后，再与被保护的内部网络主机进行连接，使外部网络用户可以在受控的前提下使用内部网络资源。另外，内部网络到外部网络的服务连接可以受到监控，应用代理将对所有通过它的连接进行日志记录，以便对安全漏洞进行检查和收集相关信息。同时，应用代理可采取强认证技术，对数据内容进行过滤，保证信息数据内容的安全，防止病毒及恶意的 Java Applet 或 ActiveX 代码，具有较高的安全性。但是由于每次数据传输都要经过应用层转发，造成应用层的处理繁忙，从而导致性能下降。

基于对上述两种防火墙的技术特点分析，出现了基于网络地址转换（Network Address Translator，NAT）的防火墙系统，其兼具应用代理防火墙的高性能和包过滤防火墙的高效性。

（二）NAT 防火墙设计思想

应用代理防火墙造成性能下降的主要原因在于，在指定的应用服务中传输的每个报文都须应用代理防火墙转发，使得应用层的处理工作量过于繁重，改变这一状况的最理想方案是让应用层仅处理用户身份鉴别工作，而网络报文的转发由 TCP 层或 IP 层完成。此外，包过滤技术仅根据 IP 包中源/目的地址来判定一个包是否可以通过，而这两个地址容易被篡改和伪造，一旦网络结构暴露给外界，就很难抵御基于 IP 层的攻击行为。

集中访问控制技术是在服务请求时由网关负责鉴别，一旦鉴别成功，其后的报文交互都可直接通过 TCP/IP 层的过滤规则，无须像应用层代理那样进行逐个报文的转发，这就实现了与代理方式同样的安全水平，而使处理工作量大幅下降，性能随即得到大大提高。此外，NAT 技术通过在网关上对进出 IP 源/目的地址的转换，实现过滤规则的动态化。这样，由于 IP 层将内部网与外部网隔离开，使内部网的拓扑结构、域名及地址信息对外成为不可见或不确定信息，从而保证了内部网主机的隐蔽性，使大多数攻击性的试探失去所需的网络条件。

（三）系统设计

基于 NAT 的复合型防火墙系统的总体结构模型，由五大模块组成。

NAT 模块依据一定的规则，对所有出入的数据包进行源/目的地址识别，并将由内向外的数据包中源地址替换成一个真实地址，而将由外向内的数据包中的目的地址替换成相应的虚拟地址。

集中访问控制模块负责响应所有指定的由外向内的网络服务访问，通知认证与访问控制系统实施安全鉴别，为合法用户建立相应的连接，并将该连接的相关信息传递给 NAT 模块，保证后续报文传输时直接转发而无须集中访问控制模块干预。

临时访问端口表通过监视外向型连接的端口数据，动态维护一张临时访问端口表，记录所有由内向外连接的源 / 目的端口信息，根据此表及预先配置好的协议集，决定哪些连接是允许的。哪些连接是不允许的，即根据所制定的规则（安全策略），禁止相应的由外向内发起的连接，以防止攻击者利用网关允许的由内向外的访问协议类型做反向的连接访问。

认证与访问控制系统是防火墙系统的关键环节，按照网络安全策略，负责对通过防火墙的用户实施用户身份鉴别和对网络信息资源的访问控制，保证合法用户正常访问和禁止非法用户访问。

上述采用的几种技术都属于被动的网络安全防护技术，为了更有效地遏止黑客的恶意攻击行为，复合型防火墙系统采用主动网络安全防护技术——网络安全监控系统。网络安全监控系统负责截取到达防火墙网关的所有数据包，对信息包报头和内容进行分析，检测是否有攻击行为，并实时通知系统安全管理员。

（四）系统实现

基于 NAT 的复合型防火墙系统的实现主要包含以下五方面的工作：

一是 NAT 模块的实现。NAT 模块是基于 NAT 的复合型防火墙系统的核心部分，而且只有本模块与网络层有关，因此这部分应与操作系统本身的网络层处理部分紧密结合在一起，或对其直接进行修改。

二是集中访问控制模块的实现。集中访问控制模块分为请求认证子模块和连接中继子模块。请求认证子模块主要负责和认证与访问控制系统通过一种可信的安全机制交换各种身份鉴别信息，识别合法用户，并根据用户预先被赋予的权限决定后续的连接形式。连接中继子模块的主要功能是为用户建立起一条最终的无中继的连接通道，并在需要的情况下向内部主机传送鉴别过的用户身份信息，以完成相关服务协议中所需的鉴别流程。

三是临时访问端口表的实现。为了区分数据包的服务对象和防止攻击者对内部网络主机发起的连接进行非授权的使用，网关把内部网络主机使用的临时端口、协议类型和内部网络主机地址登记在临时访问端口表中。由于网关不知道内部网络主机可能要使用的临时端口，因此临时访问端口表是由网关根据接收的数据包动态生成的。对于向内的数据包，防火墙只让那些访问控制表许可的或者临时访问端口表登记的数据包通过。

四是认证与访问控制系统的实现。认证与访问控制系统包括用户鉴别模块和访问控制模块，实现用户身份鉴别和安全策略的控制。其中，用户鉴别模块采用一次性口令（One-time Password）认证技术中的挑战 / 响应（Challenge/Response）机制实现远程和当地用户的身份鉴别，保护合法用户的有效访问和限制非法用户的访问。用户鉴别模块具体可采用

Telnet 和 Web 两种实现方式，以满足不同系统环境下的用户应用需求。访问控制模块是基于自主型访问控制策略（DAC），采用访问控制列表的方式，按照用户（组）、地址（组）、服务类型、服务时间等访问控制因素决定对用户是否授权访问。

五是网络安全监控系统的实现。网络安全监控系统负责接收进入系统的所有信息，并对信息包进行分析和归类，对可能出现的攻击及时发出报警信息；同时，如发现有合法用户的非法访问和非法用户的访问，监控系统将及时断开访问连接，并进行追踪检查。

第四节　防火墙的发展趋势

防火墙作为网络安全领域最成熟的产品之一，其成熟并不意味着发展的停滞，恰恰相反，日益提高的安全需求对网络安全产品提出了更高的要求。随着新的网络攻击技术和手段的不断涌现，防火墙技术也呈现出了一些新的发展趋势，主要体现在包过滤技术、防火墙体系结构、防火墙系统管理和防火墙产品三方面。

一、防火墙包过滤技术的发展趋势

一是一些防火墙厂商把在 AAA 系统上运用的用户认证及其服务扩展到防火墙中，使其拥有可以支持基于用户角色的安全策略功能。该功能在无线网络应用中的优点较为突出，具有用户身份验证的防火墙通常采用应用代理技术，而包过滤技术防火墙不具有这一功能。用户身份验证功能越强，安全级别越高，给网络通信带来的负载会越大，因为用户身份验证需要时间，特别是加密型的用户身份验证。

二是多级过滤技术，是指防火墙采用多级过滤措施，并辅以鉴别手段。在分组过滤(网络层）级，过滤掉所有的源路由分组和假冒的 IP 源地址的数据包；在传输层级，遵循过滤规则，过滤掉所有禁止出 / 入的协议和有害数据包；在应用代理（应用层）级，能利用 FTP、SMTP 等网关，控制和监测互联网提供的通用服务。多级过滤技术是针对以上已有防火墙技术的不足而产生的一种综合型过滤技术，可以弥补以上单独过滤技术的不足。这种过滤技术在分层上非常清楚，每种过滤技术对应不同的网络层级，从这个概念出发，又有很多内容可以扩展，为将来的防火墙技术发展打下了基础。

三是使防火墙具有病毒防护功能。现在通常被称为"病毒防火墙"，当然目前主要体现在个人防火墙中，因为它是纯软件形式，更容易实现。这种防火墙技术可以有效地防止病毒在网络中的传播，是一种更为主动、积极的防御方式。

二、防火墙体系结构的发展趋势

随着网络应用的增加，对网络带宽也相应提出了更高的要求，这意味着防火墙要能够以非常高的速度处理数据，而且随着多媒体应用越来越普遍，要求数据穿过防火墙带来的延迟足够小。为此，一些防火墙制造商开发了基于 ASIC 的防火墙和基于网络处理器的防火墙。从执行速度来看，基于网络处理器的防火墙也是基于软件的解决方案，在很大程度上依赖于软件的性能，但是这类防火墙中有一些专门用于处理应用层任务的引擎，从而减轻了 CPU 的负担，其性能要比传统防火墙好得多。与基于 ASIC 的纯硬件防火墙相比，基于网络处理器的防火墙更具灵活性，基于 ASIC 的防火墙使用专门的硬件处理网络数据流，相比传统防火墙和基于网络处理器的防火墙具有更好的性能。但是纯硬件的 ASIC 防火墙缺乏可编程性，这使它缺乏灵活性；从而跟不上防火墙功能的快速发展。理想的解决方案是增加 ASIC 芯片的可编程性，使其与软件更好地配合，这样的防火墙可以同时满足灵活性和运行性能的要求。

三、防火墙系统管理的发展趋势

防火墙的系统管理也有一些发展趋势，主要体现在以下三方面：

一是集中式管理，分布式和分层安全结构是将来的趋势。集中式管理可以降低管理成本，并保证大型网络安全策略的一致性。快速响应和快速防御也要求采用集中式管理系统。

二是强大的审计功能和自动日志分析功能。可以更早发现潜在的威胁并预防攻击的发生，日志功能可以帮助管理员有效地发现系统中存在的安全漏洞，对及时调整安全策略等方面的管理很有帮助。

三是网络安全产品的系统化。因为在现实中发现，现有的防火墙技术难以满足当前网络安全需求，通过建立一个以防火墙为核心的安全体系，可以为内部网络系统部署多道安全防线，各种安全技术各司其职，从各方面防御外来攻击。

现在的 IDS 设备能很好地与防火墙一起进行综合部署。一般情况下，为了确保系统的通信性能不受安全设备的影响太大，IDS 设备不能像防火墙一样置于网络入口处，只能置于旁路位置。而在实际应用中，IDS 的任务往往不仅用于检测，很多时候在 IDS 发现攻击行为后，也需要 IDS 本身对攻击进行及时阻止。显然，要让处于旁路侦听的 IDS 完成这个任务有些勉为其难，同时主链路不能串接太多类似的设备。在这种情况下，如果防火墙能与 IDS、病毒检测等相关安全产品联合起来，充分发挥各自的长处，协同配合，共同建立一个有效的安全防范体系，那么网络的安全性就能得到明显提升。

目前主要有两种解决办法：一是把 IDS、病毒检测部分直接"做"到防火墙中，使防火墙具有 IDS 和病毒检测设备的功能；二是各产品分立，通过相互通信形成一个整体，一旦发现安全事件，则立即通知防火墙，由防火墙完成过滤和报告，这一种解决方法的实现方式较前一种要容易得多。

第三章　病毒防治

第一节　病毒概述

与医学上的"病毒"不同，"计算机病毒"是指人为编制的具有特殊功能的程序，它通过不同的途径潜伏或寄生在存储媒体（如磁盘、内存）或程序里，当某种条件或时机成熟时，它会自我复制并传播，使计算机资源受到不同程度的破坏。由于它与生物医学上的"病毒"同样有传染和破坏的特性，因此这一名词是由生物医学上的"病毒"概念引申而来。

狭义的计算机病毒是指能够通过某种途径潜伏在计算机存储介质（或程序）里，当达到某种条件时即被激活的具有对计算机资源进行破坏作用的一组程序或指令集合。

从广义上定义，凡能够引起计算机故障，破坏计算机数据的程序统称为计算机病毒。依据此定义，诸如逻辑炸弹、蠕虫等均可称为计算机病毒。

计算机病毒，是指编制或者在计算机程序中插入的破坏计算机功能或者毁坏数据，影响计算机使用，并能自我复制的一组计算机指令或者程序代码。

计算机病毒可以很快地蔓延，又常常难以根除。它们能把自身附着在各种类型的文件上。当文件被复制或从一个用户传送到另一个用户时，它们就随同文件一起蔓延开来。除复制能力外，某些计算机病毒还有其他一些共同特性：一个被污染的程序能够传送病毒载体。当你看到病毒载体似乎仅仅表现在文字和图像上时，它们可能已毁坏了文件、格式化了你的硬盘或引发了其他类型的灾害。若是病毒并不寄生于一个污染程序，它仍然能通过占据存储空间给你带来麻烦，并降低你的计算机的全部性能。

一、病毒的起源与发展

自从第一例计算机病毒 Brain 诞生以来，计算机病毒的种类迅速增加，并迅速蔓延到全世界，对计算机安全构成了巨大的威胁。在 20 世纪 80 年代，计算机病毒刚刚开始流行，种类不多，但危害很大，往往一个简单的病毒就能在短时间内传播到世界的各个国家和地区。

在病毒的发展史上，病毒的出现是有规律的，一般情况下一种新的病毒技术出现后，病毒迅速发展，接着反病毒技术的发展会抑制其流传。同时，操作系统进行升级换代时，病毒也会调整为新的方式，产生新的病毒技术。

（一）病毒发展介绍

1.DOS 引导阶段

最初的计算机病毒主要是引导型病毒，具有代表性的是"小球"和"石头"病毒。由于那时的计算机硬件较少，功能简单，一般需要通过软盘启动后使用。而引导型病毒正是利用了软盘的启动原理工作，修改系统启动扇区，在电脑启动时首先取得控制权，减少系统内存，修改磁盘读写中断，影响系统工作效率，在系统存取磁盘时进行传播。

2.DOS 可执行阶段

可执行文件型病毒出现，它们利用 DOS 系统加载执行文件的机制工作。可执行型病毒的病毒代码在系统执行文件时取得控制权，修改 DOS 中断，在系统调用时进行传染，并将自己附加在可执行文件中，使文件长度增加。

3. 伴随体型阶段

伴随体型病毒出现，它们利用 DOS 加载文件的优先顺序进行工作。具有代表性的是"金蝉"病毒，它感染 EXE 文件的同时会生成一个和 EXE 同名的扩展名为 COM 的伴随体；它感染 COM 文件时，改原来的 COM 文件为同名的 EXE 文件，再产生一个原名的伴随体，文件扩展名为 COM。这样，在 DOS 加载文件时，病毒会取得控制权，优先执行自己的代码。该类病毒并不改变原来的文件内容、日期及属性，解除病毒时只要将其伴随体删除即可，非常容易。其典型代表是"海盗旗"病毒，它在得到执行时，询问用户名称和口令，然后返回一个出错信息，将自身删除。

4. 变形阶段

汇编语言得到了长足的发展。要实现同一功能，通过汇编语言可以用不同的方式完成，这些方式的组合使一段看似随机的代码产生相同的运算结果。而典型的多形型病毒——幽灵病毒就是利用这个特点，每感染一次就产生不同的代码。例如，"一半"病毒就是产生一段有上亿种可能的解码运算程序，病毒体被隐藏在解码前的数据中，查解这类病毒就必须能对这段数据进行解码，加大了查毒的难度。多形型病毒是一种综合性病毒，它既能感染引导区又能感染程序区，多数具有解码算法，一种病毒往往要两段以上的子程序方能解除。

5. 变种阶段

在汇编语言中，一些数据的运算放在不同的通用寄存器中，可运算出同样的结果，随机地插入一些空操作和无关命令，也不影响运算的结果。这样，某些解码算法可以由生成器生成不同的变种。其代表作品——"病毒制造机"VCL，可以在瞬间制造出成千上万种不同的病毒，查解时不能使用传统的特征识别法，而需要在宏观上分析命令，解码后查解病毒，大大提高了复杂程度。

6. 网络阶段

随着网络的普及，病毒开始利用网络进行传播，它们只是以上几代病毒的改进。在Windows操作系统中，"蠕虫"是典型的代表，它不占用除内存以外的任何资源，不修改磁盘文件，利用网络功能搜索网络地址，将自身向下一地址进行传播，有时也在网络服务器和启动文件中存在。

7. 窗口阶段

随着Windows的日益普及，利用Windows进行工作的病毒开始发展，它们修改(NE, PE)文件，典型的代表是DS.3873，这类病毒的机制更为复杂，它们利用保护模式和API调用接口工作，解除方法也比较复杂。

8. 宏病毒阶段

随着MS Office功能的增强及盛行，使用Word宏语言也可以编制病毒，这种病毒使用类Basic语言，编写容易，感染Word文件。由于Word文件格式没有公开，这类病毒查解比较困难。

9. 互联网、感染邮件阶段

随着因特网的发展，各种病毒也开始利用因特网进行传播，一些携带病毒的数据包和邮件越来越多，如果不小心打开了这些邮件，电脑就有可能中毒。

10. 邮件炸弹阶段

随着互联网上Java的普及，利用Java语言进行传播和资料获取的病毒开始出现，典型的代表是JavaSnake病毒。还有一些利用邮件服务器进行传播和破坏的病毒。

在病毒发展过程中，一些著名的病毒不但造成了巨大的影响，也带来了病毒的不断发展，成为计算机发展史上不可磨灭的一部分，了解这些著名的病毒，对研究病毒、预防病毒和清除病毒，具有积极的意义。

（二）著名病毒介绍

1. "脑（Brain）"病毒

首种广泛传播于MS-DOS个人计算机系统的计算机病毒是被命名为"脑（Brain）"的病毒，由两位巴基斯坦籍的兄弟所编写，能破坏电脑的启动区（boot.sector），亦被视为第一只能通过自我隐藏来逃避侦测的病毒。

2. 档案感染型病毒

1987 年，Lehigh 病毒于美国 Lehigh 大学被发现，是首个档案感染型病毒（File Infectors），同类型的病毒还有圣诞虫（Christmas Worm）等。档案感染型病毒主要通过感染 .COM 档案和 .EXE 档案，来破坏资料、损毁档案配置表（FAT）或在染毒档案执行的过程中感染其他程序。

3.Macintosh 电脑病毒

1988 年，第一种袭击麦金塔(Macintosh)计算机的病毒 MacMag 出现，而"互联网虫"（Internet Worm）亦引起了第一波的互联网危机。同年，世界第一支计算机保安事故应变队伍（Computer Security Response Team）成立并不断发展，也就演变成为今天著名的计算机保安事故应变队伍协调中心（CERTR Coordination Center，CERTR/CC）。

4. 病毒交流布告栏上线

1990 年，首个病毒交流布告栏（Virus Exchange Bulletin Board Service，简称 VX BBS）于保加利亚上线，方便病毒编程者交换病毒程序代码及心得。同年，防毒产品如 McAfee Scan 等开始出现。

5. 巨集病毒

在 Windows 作业平台初出现时，运行于 DOS 作业系统的计算机病毒仍然是计算机病毒的主流，而这些以 DOS 为本的病毒往往未能复制到 windows 作业平台上运行。巨集病毒 Laroux 成为首个侵袭 MS Excel 档案的巨集病毒。

6.Linux 平台病毒

Staog 则是首个袭击 Linux 作业平台的计算机病毒。

7.Back Orifice 病毒

Back Orifice 让黑客透过互联网在未授权的情况下远程操控另一部计算机，此病毒的命名也开了微软旗下的 Microsoft's Back Office 产品一个玩笑。

8. 梅莉莎（Melissa）及 CIH 病毒

梅莉莎为首种混合型的巨集病毒，它通过袭击 MS Word 作台阶，再利用 MS Outlook 及 Outlook Express 内的地址簿，将病毒通过电子邮件广泛传播。

9. 拒绝服务（Denial of Service）和恋爱邮件（Love Letters）

恋爱邮件"I Love You"致使雅虎、亚马逊书店等主要网站服务瘫痪。附着"I Love You"电邮传播的 Visual Basic 脚本病毒更被广泛传播，最终令不少计算机用户明白到小心处理可疑电邮的重要性。

10. 混合式病毒

Funlove"求职信"病毒已为服务器及个人计算机带来很大的烦恼,FunLove 是典型的混合式病毒,它除了会像传统病毒一样感染计算机档案外,同时亦拥有蠕虫(worm)及木马程序的特征。受害者中不乏著名企业。一旦被其感染,计算机便处于带毒运行状态,它会创建一个背景工作线程,搜索所有本地驱动器和可写入的网络资源,继而在网络中完全共享的文件中迅速地传播。

11. 冲击波(Blaster)和大无极(SOBIG)病毒

"冲击波"病毒利用了微软操作系统 Windows 2000 及 Windows XP 的安保漏洞,取得完整的使用者权限在目标计算机上执行任何的程序代码,并通过互联网继续攻击网络上仍存有此漏洞的计算机。由于防毒软件也不能过滤这种病毒,病毒迅速蔓延至多个国家,造成大批计算机瘫痪和网络连接速度减慢。

继"冲击波"病毒之后,第六代的"大无极"计算机病毒(SOBlG.F)开始肆虐,并通过电子邮件扩散。该"大无极"病毒不但会伪造寄件人身份,还会根据计算机通讯录内的资料,发出大量以"Thank you!""Re: Approved"等为主旨的电邮,它也可以驱使染毒的计算机自动下载某些网页,使编写病毒的作者有机会窃取计算机用户的个人及商业资料。

12. 悲惨命运(MyDoom)、网络天空(NetSky)及震荡波(Sasser)病毒

"悲惨命运"病毒利用电子邮件作传播媒介,以"Mail Transaction Failed""Mail Delivery Systemn""Server Report"等字眼做电邮主旨,诱使用户打开带有病毒的附件。受感染的计算机除会自动转寄病毒电邮外,还会令计算机系统开启一道后门,供黑客用作攻击网络的中介。它还会对一些著名网站(如 SCO 及微软)作分散式拒绝服务攻击(Distributed Denial of Service, DDoS),其变种更阻止染毒计算机访问一些著名的防毒软件厂商网站。由于它可在三十秒内寄出高达一百封电子邮件,令许多大型企业的电子邮件服务被迫中断,在计算机病毒史上,其传播速度创下了新纪录。

防毒公司都会以 A、B、C 等英文字母作为同一只病毒变种的命名。网络天空(NetSky)这种病毒,被评为史上变种速度最快的病毒,因为它自 2004 年 2 月中旬出现以来,在短短的两个月内,其变种的命名已经用尽了 26 个英文字母,接踵而至的是以双码英文字母命名的变种,如 NetSky.AB。它通过电子邮件大量传播,当收件人运行了带有病毒的附件后,病毒程序会自动扫描计算机硬盘及网络硬盘来搜集电邮地址,通过自身的电邮发送引擎,转发伪冒寄件者的病毒电邮,而且病毒电邮的主旨、内文及附件名称都是多变的。

"震荡波"病毒与较早前出现的冲击波病毒雷同,都是针对微软 Windows 操作系统的安保漏洞,也不需依赖电子邮件作传播媒介。它利用系统内的缓冲溢位漏洞,导致计算机连续地重新开机并不断感染互联网上其他计算机。以短短 18 天的时间,它取代了冲击

波，创下了修补程序公布后最短攻击周期纪录。

13. 熊猫烧香

熊猫烧香是一种经过多次变种的"蠕虫病毒"变种，它主要通过下载的文件传染，对计算机程序、系统破坏严重。原病毒只会对 EXE 图标进行替换，并不会对系统本身进行破坏，而大多数是病毒变种，用户计算机中毒后可能会出现蓝屏、频繁重启以及系统硬盘中数据文件被破坏等现象。同时，该病毒的某些变种可以通过局域网进行传播，进而感染局域网内所有计算机系统，最终导致企业局域网瘫痪，无法正常使用，它能感染系统中exe、com、pif、src、html、asp 等文件，它还能终止大量的反病毒软件进程并且会删除扩展名为 gho 的备份文件。被感染的用户系统中所有 .exe 可执行文件全部被改成熊猫举着三根香的模样。

14. 网游大盗

网游大盗是一例专门盗取网络游戏账号和密码的病毒，其变种 wm 是典型品种。英文名为 TrojaiLTSW.GamePass.jws 的"网游大盗"变种 jws 是"网游大盗"木马家族最新变种之一，采用 Visual C++ 编写，并经过加壳处理。"网游大盗"变种 jws 运行后，会自我复制到 Windows 目录下，自我注册为"Windows_Down"系统服务，实现开机自启动。盗取包括《魔兽世界》《完美世界》《征途》等多款网游玩家的账户和密码，并且会下载其他病毒到本地运行。玩家计算机一旦中毒，就可能导致游戏账号、装备等丢失。

15. 手机病毒

与传统计算机病毒的传播方式不同，手机病毒主要通过"无线"设备进行传播。从世界首例手机病毒"VBS.TimoFonica"出现以来，手机病毒层出不穷，到目前已经超过 200多种，尤其是基于 Symbian.Android 的移动互联网终端设备，手机病毒已经脱离早期非智能机短信型病毒的发展阶段，具有和计算机病毒相同的特性，其破坏力甚至更大。因为手机病毒可以轻易地调动应用程序，进行恶意电话呼叫、信息发送，甚至攻击网关，轻则造成个人用户损失，重则引发网络灾难，所以已经越来越受到人们的重视。

病毒作为一段破坏力极大又难以检测的代码，在它发展的二十多年的时间里，种类越来越多，隐藏技巧越来越高，尤其是随着互联网、移动互联网的发展，病毒已经入侵到智能手机、平板计算机等终端设备。无论病毒制造者出于何种目的制造了病毒，病毒都具有其基本特征，分析病毒的特征有助于加深对病毒的了解，进而为检测和清除病毒提供前提条件。

二、病毒的特征与分类

计算机病毒的制造者可能出于恶作剧的心态，可能只是简单地炫耀自己的编程技能，也可能是基于某种形式的报复，或者基于一定的政治、商业目的。不管其制作者基于何种目的，计算机病毒都有它自己的特征，这些特征可以作为检测病毒的重要依据，再以此进行病毒的诊断和消除。

（一）计算机病毒的特征

1. 感染性

计算机病毒具有再生机制，即设计者一般通过某种方式让其具有自我复制的能力，让病毒自动地将自身的复制品或其变种感染到其他程序体上。这是计算机病毒最根本的属性，是检测、判断计算机病毒的重要依据。

感染性是计算机病毒最重要的特征，病毒程序正是依靠感染性将病毒广泛传播，从早期的软盘感染到现在的网络传播，计算机病毒的复制能力和速度变得突飞猛进。病毒程序一旦侵入计算机系统就开始搜索可以传染的程序或者磁介质，然后通过自我复制迅速传播。由于目前计算机网络日益发达，计算机病毒可以在极短的时间内，通过像 Internet 这样的网络进行传播和扩散，完成诸如强行修改计算机程序和数据等任务。

2. 欺骗性

计算机病毒正是通过欺骗性瞒过了用户从而实现其功能。用户通常调用执行一个程序时，把系统控制权交给这个程序，并分配给它相应系统资源（如内存），从而运行完成用户的需求。因此，程序执行的过程对用户是透明的。而计算机病毒是非法程序，正常用户是不会明知是病毒程序，而故意调用执行。但由于计算机病毒具有正常程序的一切特性，如可存储性、可执行性等。它隐藏在合法的程序或数据中，当用户运行正常程序时，病毒伺机窃取到系统的控制权，得以抢先运行，然而此时用户还认为在执行正常程序，在毫无察觉的情况下，病毒开始执行，等到用户反应过来的时候，病毒已经实现了其功能，造成了危害。

病毒程序往往采用集中欺骗技术（如脱皮技术、改头换面、自杀技术和密码技术等）来逃脱检测，使其有更长的时间去实现传染和破坏的目的：

（1）脱皮技术

病毒自动监视用户操作，每当用户要查看宿主程序时，它便"以桃代李"，让被移走的原宿主程序代码显示在屏幕上，使用户看到完全正确的宿主程序，以蒙骗用户，隐藏自己。

（2）改头换面

病毒在自动监视用户的操作中，一旦发现用户用 DIR 命令查看文件目录，以便判断哪些文件被感染，在显示这些文件目录时，自动从文件长度中减去病毒代码长度，使屏幕上显示的被感染文件的日期、时间、长度等参数保持感染以前的状态。用户从屏幕上显示的文件目录中看不到文件被感染的痕迹。

（3）自杀技术

有的病毒设置有一个特殊的计数器，专门记录病毒曾经感染程序的次数。当计数器达到预定值时，病毒便从带病毒的宿主程序中删去代码，实现"自杀"，销声匿迹，以掩护自己。

（4）密码技术

有的病毒采用密码技术，将病毒签名等可能被检测的敏感信息变成密码。这样，当用户对病毒进行检测时就看不到这些敏感信息，从而使病毒逃过检测，得以长期潜伏。

正是因为计算机病毒的欺骗性，掌握一些基本的识别技巧对防范计算机病毒是有利的。识别计算机是否中毒的方法主要有技术识别和综合判断两种：

（1）技术识别

技术识别主要通过查看正在运行的进程来判断，一般出现陌生的进程时，中毒的可能性较高。进程识别需要对计算机常用进程十分了解，一般非计算机专业用户很难做到。

另一种技术识别的方法是直接判断文件，一般病毒感染文件时，总是将病毒插在宿主程序头部、尾部或其中间。虽然它对宿主程序代码做某些改动，从整体上看，它与宿主程序之间有明确的界限，但由于病毒程序代码短，文件字节数增加并不大，而且计算机操作人员很少去记录每个文件字节数大小，因此很难发现。同时有的病毒将自身存储在磁盘上标为坏簇的扇区中，以及一些空闲概率较大的扇区中，识别更加困难。一般该方法仅适用于杀毒软件判断是否出现病毒，个人判断很难。

（2）综合判断

综合判断主要是结合一些现象判断计算机是否感染病毒，比如磁盘可用空间大量减少，坏簇增加。由于病毒程序把自身或操作系统的一部分用坏簇隐蔽起来，使磁盘坏簇莫名其妙地增多。同时由于病毒本身或其复制品不断侵占系统，使可用的磁盘空间减少。磁盘重要区域［如引导扇区（BOOT）、文件分配表（FAT）、根目录区］被破坏，从而使系统盘不能使用或使数据文件和程序文件丢失。

程序正常运行时经常出现内存不足的现象，文件建立日期和时间被修改，系统运行时无故出现系统崩溃、死机、突然重新启动以及文件无法正常存盘等现象，这往往也是病毒发作所致。屏幕上出现特殊的异常显示，机器出现蜂鸣声，打印机速度减慢或是打印机失控等情况发生时，在排除系统运行故障、操作失当等原因后，一般都可判断为病毒引起。

3. 危害性

病毒程序的表现性或危害性体现了病毒设计者的真正意图。无论何种病毒程序一旦侵入系统都会对操作系统的运行造成不同程度的危害，这也是病毒制造者的目的。即使不直接产生破坏作用的病毒程序也要占用系统资源（如占用内存空间、占用磁盘存储空间以及系统运行时间等）。而绝大多数病毒程序要显示一些文字或图像，影响系统的正常运行，还有一些病毒程序删除文件，加密磁盘中的数据，甚至摧毁整个系统和数据，使之无法恢复，造成无可挽回的损失。因此，病毒程序的危害轻则降低系统工作效率，重则导致系统崩溃、数据丢失甚至网络瘫痪。

4. 潜伏性

病毒具有依附其他媒体的能力，入侵计算机系统的病毒一般有一个"冬眠"期，当它入侵系统之后，一般并不立即发作，而是潜伏起来"静观待机"。在此期间，它不做任何骚扰动作，也不做任何破坏活动，而要经过一段时间或满足一定的条件后才发作，突发式进行感染，复制病毒副本，进行破坏活动。病毒的潜伏性越好，它在系统中存在的时间也就越长，病毒传染的范围也越广，其危害性也越大。而在病毒潜伏期间，即使是专业的杀毒软件，也并不保证能识别出病毒，因为计算机病毒的设计者将之设计为一种具有很高编程技巧、短小精悍的可执行程序，病毒想方设法隐藏自身，就是为了在病毒发作之前不被发现。更有的病毒感染宿主程序后，在宿主程序中自动寻找"空洞"，而将病毒拷贝到"空洞"中，并保持宿主程序长度不变，使其难以发现，以争取较长的存活时间，从而造成大面积的感染。

5. 可激发性

病毒在一定的条件下接受外界刺激，使病毒程序活跃起来，实施感染，进行攻击。计算机病毒被触发一般都有一个或者几个触发条件。满足其触发条件时，或者激活病毒的传染机制，使之进行传染；或者激活病毒的表现部分或破坏部分。触发的实质是一种条件的控制，病毒程序可以依据设计者的要求，在一定条件下实施攻击。这个条件可以是敲入特定字符、使用特定文件、某个特定日期或特定时刻，或者是病毒内置的计数器达到一定次数。

6. 不可预见性

不同种类的病毒，其代码千差万别，但有些操作是共有的。因此，有的人利用了病毒的共性，制作了检测病毒的软件。但是由于病毒的更新极快，这些软件也只能在一定程度上保护系统不被已经发现的病毒感染，新的病毒以何种形式传播并危害计算机是无法预见的，从这个意义上来说，病毒对反病毒软件永远是超前的。这种超前性并不代表反病毒人员应当被动地接受应对病毒，反而更加激励反病毒人员不能掉以轻心。

计算机网络将被越来越多地应用于生活的各个角落，病毒将无所不能，延续其巨大的危害性，相应的计算机网络安全问题将在日常生活中占据举足轻重的地位。反病毒技术研究是一件颇具挑战难度的事情，但同时又是一项意义重大的研究，它将致力于消除计算机病毒，维护网络安全。

（二）计算机病毒的分类

计算机病毒的分类方法很多，按工作机理，可以把计算机病毒分为引导型病毒、操作系统型病毒和文件型病毒等几种。

1. 引导型病毒

引导型病毒又称为初始化病毒，它占据硬盘主引导扇区或引导扇区的全部或一部分，将分区表信息或引导记录移到磁盘的其他位置，并在文件分配表（FAT）中将这些位置标明为坏簇。病毒在计算机引导时首先获取系统控制权，将病毒的主要部分调入内存并驻留在内存高端，修改常规内存容量大小字单元（0：413H），将常规内存容量虚假减少，防止以后系统内存调用时覆盖占用内存高端的病毒体。同时修改某些常用中断的中断向量，使之指向内存高端的病毒程序。最后一条跳转指令转向主引导记录或引导记录的位置，将控制权交回系统以完成正常的系统启动工作，以后只要调用这些中断，就会先执行常驻内存高端的病毒体，病毒搜索并感染其他可能有的磁盘，或执行病毒体的表现部分，破坏计算机系统的正常工作。若不满足激发条件，病毒也可以继续潜伏，将系统控制权交回系统。

引导型病毒是在操作系统引导前就已驻留内存高端。由于主引导记录和引导记录在系统启动结束后不再执行，因此引导型病毒必须修改中断向量，指向自己，才有被激活以完成感染、潜伏、破坏等功能的机会。

2.操作系统型病毒

操作系统型病毒是指病毒程序将自身加入或替代操作系统工作的病毒。这类病毒程序主要的破坏形式是代替或插入正常操作系统引导部分或文件分配表中，破坏计算机磁盘系统的引导区记录和文件分配表参数。

3.文件型病毒

文件型病毒可根据病毒程序驻留的方式分为源码病毒、入侵病毒、外壳病毒几类。源码病毒专门攻击用高级语言编写的程序源代码，在程序编译之前插入到源程序中。入侵病毒是将其自身侵入到现有程序之中，实际上是把计算机病毒的主体程序与其攻击的对象以插入的方式进行连接。要解除这类病毒，恢复受感染数据文件比较困难，往往只能把受感染文件删除，如"Little_Red"（小红病毒）就属于此类病毒。外壳病毒是将其自身安插在被感染文件的开头和末尾，把原来的主程序包围在中间，而对原程序的内容不做修改。文件型病毒多数破坏系统文件、可执行文件以及各种设备的驱动程序。

按照计算机病毒的链接方式分类，计算机病毒分为源码型病毒，嵌入型病毒，包围在主程序四周的外壳型病毒等；按照计算机病毒攻击的对象或系统平台分类，可以分为攻击DOS系统的病毒、攻击Windows系统的病毒、攻击Unix系统的病毒、攻击OS/2系统的病毒和其他操作系统（如手机上）的病毒。随着物联网的发展，相应的传感器节点也将染上新的病毒。

三、计算机病毒与犯罪

计算机犯罪是随着计算机技术的发展与普及发展起来的一种新型犯罪，虽然我国刑法对计算机犯罪的规定只有三条，但是计算机犯罪在事实认定上相当复杂。关于计算机病毒犯罪，目前条文规定的是：故意制作、传播计算机病毒等破坏性程序，影响计算机系统正常运行，后果严重的行为构成犯罪。

从首例计算机犯罪被发现至今，涉及计算机的犯罪无论从犯罪类型还是发案率来看都在逐年大幅度上升，方法和类型成倍增加，逐渐开始由以计算机为犯罪工具的犯罪向以计算机信息系统为犯罪对象的犯罪发展，并呈愈演愈烈之势，而后者无论是在犯罪的社会危害性还是犯罪后果的严重性等方面都远远大于前者。

第二节　木马技术

一、木马的由来

"特洛伊木马"源于古希腊神话：当时由于特洛伊军队非常骁勇善战，希腊人一直无法打败他们。经过很长且激烈的战斗之后，希腊军队就假装撤退，并留下一只大木马。于是特洛伊人就打开城门让木马进入，到了夜晚当特洛伊人正热烈庆祝时，躲在木马中的希腊战士趁着大家不注意时打开城门，大批的希腊军队便蜂拥而入，将特洛伊城烧成平地。在计算机安全中，特洛伊木马用来指那些隐藏在某段正常程序中，在适当的时刻控制另一台计算机的程序，简称为木马（Trojan）。与病毒不同的是，木马的目的是为了进入并控制更多的计算机，它与病毒的发展是平行的。

木马通常有两个可执行程序：一个是客户端，即控制端；另一个是服务端，即被控制端。木马的设计者为了防止木马被发现，采用了多种隐藏手段。木马服务一旦运行并与被控制端连接，则控制端将享有被控制端的大部分操作权限，例如给计算机增加口令，浏览、移动、复制、删除文件，修改注册表以及更改计算机配置等。

某些病毒具有木马的这些特性，并隐藏在一段有用的程序中，那么这段程序既可称作"特洛伊木马"，又可以称为病毒。带有这种特洛伊木马/病毒的文件已被有效地"特洛伊"了，"特洛伊"在这里用作动词，如"他将特洛伊那个文件"。木马的潜藏性和控制性正是病毒潜伏所需要的。在互联网高度发达的今天，木马和病毒的区别正在逐渐变淡消失，正是由于两者互相借鉴，造成了越来越大的危害，但两者的工作原理和机制又完全不同，在学习时应当区分开来。

木马程序可以做任何事情，它能够以任意形式出现。它既可以是旨在索引软件文件目录或解锁软件注册代码的应用程序，也可以是一个字处理器或网络应用程序。它使得宿主程序表面上是执行正常的动作，但实际上隐含着一些破坏性的指令。当不小心让这种程序进入系统后，便有可能给系统带来危害。

这些危害可能是一个小小的恶作剧，也可能带来极大的破坏性。实际上，随着计算机网络的发展，依靠网络传播的木马程序糅合了病毒的编写方式，它不仅能够自我复制，而且还能够通过病毒的手段防止专门软件的查杀。因此研究木马的运行机制，将有助于识别和清除木马，以降低其带来的危害。

一个完整的木马系统由硬件部分、软件部分和具体连接部分组成。

（一）硬件部分

即建立木马连接所必需的硬件实体，包括对服务端进行远程控制的控制端，被远程控制的服务端和数据传输的网络载体（比如互联网）。

（二）软件部分

即实现远程控制所必需的软件程序，包括控制端程序，潜入服务端内部的木马程序，设置木马程序的端口号，触发条件，木马名称，木马配置程序等。

（三）具体连接部分

通过 Internet 在服务端和控制端之间建立一条木马通道所必需的元素，包括控制端 IP、服务端 IP，即木马进行数据传输的出发地和目的地；控制端端口、木马端口，即控制端、服务端的数据入口，通过这个入口，数据可直达控制端程序或木马程序。

二、木马的运行

木马的运行是指木马在被种植机器上进行的活动，这些活动包括隐藏、自启动、网络连接、安插系统后门和盗取用户资料等。明白了这些内在的知识才能对木马有个完整的认识。对木马而言，隐藏自己是一个必须要解决的问题，下面先介绍木马的常用隐藏手段。

（一）木马常用隐藏手段

木马程序的服务端为了避免被发现，多数都要进行隐藏处理。想要隐藏木马的服务器，可以伪隐藏，也可以真隐藏。伪隐藏就是指程序的进程仍然存在，只不过让它消失在进程列表里；真隐藏则是让程序彻底消失，不以一个进程或者服务的方式工作。

1. 伪隐藏技术

伪隐藏是比较容易实现的。对于 Windows 系统，其方法就是利用 API 的拦截技术，通过建立一个后台的系统钩子，拦截 PSAPI 的 Emim、Process、Modules 等函数，以此实现对进程和服务的遍历调用的控制，当检测到进程 ID（PID）为木马程序的服务端进程时直接跳过，这样就实现了进程的隐藏。金山词霸等软件就是使用了类似的方法，拦截了 TextOutA 和 TextOutW 函数，截获了屏幕输出，实现即时翻译。同样，这种方法也可以用在进程隐藏上。

2. 真隐藏技术

当进程为真隐藏时，则此木马的服务端程序运行后，就不应该具备一般进程，也不应该具备服务，即完全地进入了系统的内核。为了达到这个目的，设计者在设计木马程序时不把服务端程序作为一个应用程序，而将其作为一个其他应用程序的线程，把自身注入其他应用程序的地址空间。这个应用程序对于系统来说，是一个绝对安全的程序，这样就达到了彻底隐藏的效果，也导致查杀黑客程序的难度增加。

（二）木马的自启动技术

为了达到长期控制主机的目的，当主机重启之后必须让木马程序再次运行，这样就需要其具有一定的自启动能力。让程序自启动的方法比较多，常见的有加载程序到启动组、写程序启动路径到注册表等。

1. 加载程序到启动组

如果木马隐藏在启动组，虽然不是十分隐蔽，但那里确实是自动加载运行的好场所，因此还是有木马喜欢在此驻留的。常见的启动组包括：

"开始"菜单中的启动项，对应的文件夹是"C:\Documents and Settings'用户名'［开始］菜单'程序'启动"。

注册表

［HKEY_CURRENTJUSER\Software\Microsoft\Windows\CurrentVersion\Run］项。

注册表

［HKEY_LOCAL_MACHINE\SOFTWARE\Microsoft\Windows\CurrentVersion\Run］项。

因此当发现注册表或启动菜单中出现异常程序时，有可能木马已经驻留在电脑中，需要及时清除。

2. 修改文件关联

修改文件关联是木马常用的手段，比如正常情况下 txt 文件的打开方式为记事本程序，一旦感染了木马，则 txt 文件就会被修改为用木马程序打开，木马"冰河"就是如此。通过将 HKEY_CLASSES_ROOT\txtfile\whell\open\command，%SystemRoot%\system32\NOTEPAD.EXE%l 修改为 C:\WINDOWS\SYSTEM\SYSEXPLR.EXE%1，这样一旦双击一个 txt 文件，原本应用记事本程序打开该文件，现在却变成启动木马程序了。

3. 注册成为服务项

将服务端程序注册为一个自启动的服务也是很多后门应用的手段，其在注册表中的键值是 [HKEY_LOCAL_MACHINE\SYSTEM\CurrentControlSet\Services\]，可以在这个键值下进行查找。

以上是几种常用的木马自启动技术，平台不同，自启动技术就有相应的区别，但木马程序需要自启动的本质是不变的，了解其本质，不管其使用平台和表现形式如何，只要对症下药，就能有效防止木马入侵。

（三）木马连接的隐藏技术

木马启动后需要通过数据连接建立从控制方到被控制方的连接通道，木马连接当然不能如正常的网络连接一样直接传输，而是需要通过木马连接隐藏技术。

木马程序最常见的是使用 TCP 和 UDP 传输数据，这种方法通常是利用 Winsock 与目标主机的指定端口建立连接，使用 send 和 recv 等 API 进行数据传递。

这种方法的好处是简单，易于使用，但缺点是隐蔽性比较差，往往容易被一些工具软件发现。例如在命令行状态下使用netstat命令，就可以查看到当前活动的TCP和UDP连接。

C：\Documents and Settings\bigball ＞ netstatnActive Connections Proto Local Address Foreign Address State

TCP 192.0.0.9：1032 64.4.13.48：1863 ESTABLISHED

TCP 192.0.0.9：1112 61.141.212.95：80 ESTABLISHED

TCP 192.0.0.9：1135 202.130.239.223：80 ESTABLISHED

TCP 192.0.0.9：1142 202.130.239.223：80 ESTABLISHED

TCP 192.0.0.9：1162 192.0.0.8：139 TIME_WAIT

TCP 192.0.0.9：1169 202.130.239.159：80 ESTABLISHED

TCP 192.0.0.9：1170 202.130.239.133：80 TIME_WAIT

但是，黑客仍然可以使用以下两种方法躲避侦测：

1. 合并端口法

使用特殊的手段，在一个端口上同时绑定两个 TCP 或者 UDP 连接（如 80 端口的 HTTP），以达到隐藏端口的目的。

2. 修改 ICMP 头法

根据 ICMP（Internet Control Message Protocol）协议进行数据的发送，其原理是修改 ICMP 头的构造，加入木马的控制字段。这样的木马具备很多新特点，如不占用端口、使用户难以发觉等。同时，使用 ICMP 可以穿透一些防火墙，从而增加了防范的难度。

之所以具有这种特点，是因为 ICMP 不同于 TCP 和 UDP，ICMP 工作于网络的应用层，不使用 TCP 协议。

三、木马的危害

最初网络还处于以 Unix 平台为主的时期时，木马就产生了，当时木马程序的功能相对简单，往往是将一段程序嵌入到系统文件中，用跳转指令来执行一些木马的功能。在这个时期，木马的设计者和使用者大都是些技术人员，必须具备相当的网络和编程知识。而后随着 Windows 平台的日益普及，一些基于图形操作的木马程序出现了，用户界面的改善，使使用者不用懂太多的专业知识就可以熟练地操作木马，相应地木马入侵事件也就频繁出现，而且由于这个时期木马的功能已日趋完善，对服务端的破坏也更大了。不同的木马会给计算机带来不同角度的危害。总体来说，木马对网络安全的危害主要包括以下几方面：

（一）远程控制

远程控制木马是数量最多、危害最大，同时知名度也最高的一种木马，它可以让攻击者完全控制被感染的计算机，甚至完成一些连计算机主人都无法顺利进行的操作，其危害之大实在不容小觑。远程监视是远程控制的一种，一旦被监视后，则对方电脑的一举一动都在黑客的监视之下。

远程视频监测功能可以监测对方的视频情况，当对方有摄像头时，可以自动启动摄像头捕捉图像，相当于监视对方的环境。只要对方电脑处于开启状态就毫无秘密可言。

更多的远程操作包含了更多的功能，比如远程文件管理、远程 Telnet、远程注册表管理等，这些都是为了方便黑客控制主机而设置的。

此外，远程控制还包括远程向被控服务端发送消息等。远程控制使得木马能够在被控端为所欲为，对个人隐私造成极大的危害，但影响更大的窃取信息类木马，能够带来更大的危害。

（二）窃取信息

窃取信息木马专门盗取被感染计算机上的主机或密码信息。密码信息获取更为常见，木马一旦被执行，就会自动搜索内存、Cache、临时文件夹及各种敏感密码文件，一旦搜索到有用的密码，木马就会利用免费的电子邮件服务将密码发送到指定的邮箱，从而达到窃取密码的目的，这类木马大多使用端口 25 发送 E-mail。

另一种获取密码的方式为从键盘记录获取，这种木马只记录"受害者"的键盘敲击情况、并且在log文件里查找密码。键盘记录分为在线记录和离线记录两种形式，顾名思义，它们分别记录在线和离线状态下敲击键盘时的情况，以从中找到密码。

（三）破坏类

这种木马唯一的功能就是破坏被感染计算机的文件系统，使其遭受系统崩溃或重要数据丢失的巨大损失。从这一点上来说，它和病毒很相像。不过，一般来说，这种木马的激活是由攻击者控制的，并且传播能力也比病毒逊色很多。比如"灰鸽子"就有修改系统注册表的功能，单击客户端上的"注册表编辑器"标签，展开远程主机，当看到远程主机的注册表时，就可以在上面进行修改、添加、删除等一系列操作了。

（四）代理木马

黑客在入侵的同时掩盖自己的足迹，防止别人发现自己的身份是非常重要的，因此给被控制的"肉鸡"种上代理木马，让其变成攻击者发动攻击的"跳板"，就是代理木马最重要的任务。通过代理木马，攻击者可以在匿名的情况下使用 Telnet、QQ 等程序，从而隐蔽自己的踪迹。

木马发展到今天，已经无所不用其极，一旦被木马控制，被控电脑将毫无秘密可言，掌握合理的木马查杀技巧，对保护个人隐私和网络安全具有至关重要的作用。

第三节 网络病毒

一、网络病毒的原理及分类

互联网已成为人与人之间沟通的重要方式和桥梁。计算机的功能也从最开始简单的文件处理、数学运算、办公自动化发展到复杂的企业外部网、企业内部网、互联网，可以实现世界范围内的业务处理以及信息共享等。计算机发展的脚步迅速，病毒的发展也同样迅速，计算机病毒不但没有像人们想象的那样随着 Internet 的流行而趋于消亡，而是进一步的爆发流行。随着网络的普及，病毒开始利用网络进行传播，它们是几代病毒的改进，"蠕虫"是典型的代表，它不占用除内存以外的任何资源，不修改磁盘文件，利用网络功能搜索网络地址，将自身向下一地址进行传播，有时也在网络服务器和启动文件中存在。网络病毒改变了单机的杀毒模式，因为网络的发展使得病毒的传播更加迅速。

从 20 世纪 90 年代计算机网络迅速发展开始，网络病毒经历了突飞猛进的发展，种类越来越多，危害越来越大，从不同的角度看，网络病毒有不同的分类方式。

（一）从网络病毒功能区分

可以分为木马病毒和"蠕虫"病毒。木马病毒是一种后门程序，它会潜伏在操作系统中，窃取用户资料比如 QQ、网上银行密码、账号、游戏账号密码等。"蠕虫"病毒相对来说要先进一点，它的传播途径很广，可以利用操作系统和程序的漏洞主动发起攻击，每种"蠕虫"都有一个能够扫描到计算机当中漏洞的模块，一旦发现漏洞后立即传播出去。由于"蠕虫"的这一特点，它的危害性也更大，它可以在感染了一台计算机后通过网络感染这个网络内的所有计算机。计算机被感染后，"蠕虫"会发送大量数据包，所以被感染的网络速度就会变慢，也会因为 CPU、内存占用过高而产生或濒临死机状态。

（二）从网络病毒传播途径区分

可以分为漏洞型病毒、邮件型病毒两种。相比较而言，邮件型病毒更容易清除，它是由电子邮件进行传播的，病毒会隐藏在附件中，伪造虚假信息欺骗用户打开或下载该附件。有的邮件病毒也可以通过浏览器的漏洞来进行传播，这样，用户即使只是浏览了邮件内容，并没有查看附件，也同样会让病毒乘虚而入。而漏洞型病毒应用最广泛的就是 Windows 操作系统，而 Windows 操作系统的系统操作漏洞非常多，微软会定期发布安全补丁，即便你没有运行非法软件或不安全链接，漏洞性病毒也会利用操作系统或软件的漏洞攻击你的计算机。例如，2004 年风靡的冲击波和震荡波病毒就是漏洞型病毒的一种，它们造成全世界网络计算机的瘫痪，造成了巨大的经济损失。

网络在发展，计算机在普及，病毒也在发展壮大，如今的病毒已经不仅是传统意义上的病毒，有的时候一个病毒往往身兼数职，自己本身是文件型病毒、木马型病毒、漏洞型病毒、邮件型病毒的混合体，这样的病毒危害性更大，也更难查杀。

二、常见的网络病毒

（一）"网游大盗"

Trojan/PSW.GamePass "网游大盗"是一个盗取网络游戏账号的木马程序，会在被感染计算机系统的后台秘密监视用户运行的所有应用程序窗口标题，然后利用键盘钩子、内存截取或封包截取等技术盗取网络游戏玩家的游戏账号、游戏密码、所在区服、角色等级、金钱数量、仓库密码等信息资料，并在后台将盗取的所有玩家信息资料发送到黑客指定的远程服务器站点上，致使网络游戏玩家的游戏账号、装备物品、金钱等丢失，会给游戏玩家带来不同程度的损失。"网游大盗"会通过在被感染计算机系统注册表中添加启动项的方式实现木马开机自启动。

（二）"代理木马"及其变种

Trojan/Agent "代理木马"是木马家族的新成员之一，它采用高级语言编写，并经过加壳保护处理，"代理木马"运行后会自我复制到被感染计算机系统中的指定目录下，通过修改注册表实现开机自启。在被感染计算机的后台秘密窃取用户所使用系统的配置信息，然后从黑客指定的远程服务器站点下载其他恶意程序并安装调用运行。其中，所下载的恶意程序可能为网络游戏盗号木马、远程控制后门和恶意广告程序等，给用户带来不同程度的损失。

（三）"U 盘寄生虫"及其变种

Checker/Autorun "U 盘寄生虫"是一个利用 U 盘等移动存储设备进行自我传播的蠕虫病毒。"U 盘寄生虫"运行后，会自我复制到被感染计算机系统的指定目录下，并重新命名保存。"U 盘寄生虫"会在被感染计算机系统中的所有磁盘根目录下创建"autorun.inf"文件和蠕虫病毒主程序体，来实现用户双击盘符而启动运行"U 盘寄生虫"蠕虫病毒主程序体的目的；"U 盘寄生虫"还具有利用 U 盘、移动硬盘等移动存储设备进行自我传播的功能；"U 盘寄生虫"运行时，可能会在被感染计算机系统中定时弹出恶意广告网页，或是下载其他恶意程序到被感染计算机系统中并安装调用运行，为用户带来不同程度的损失。"U 盘寄生虫"会通过在被感染计算机系统注册表中添加启动项的方式，来实现开机自启动。

（四）"灰鸽子"及其变种

Backdoor/Huigezi "灰鸽子"是后门家族的最新成员之一，它采用 Delphi 语言编写，并经过加壳保护处理。"灰鸽子"运行后，会自我复制到被感染计算机系统的指定目录下，并重新命名保存（文件属性设置为：只读、隐藏、存档）。"灰鸽子"是一个反向连接远程控制后门程序，运行后会与黑客指定远程服务器地址进行 TCP/IP 网络通信。中毒后的计算机会变成网络僵尸，黑客可以远程任意控制被感染的计算机，还可以窃取用户计算机里所有的机密信息资料等，会给用户带来不同程度的损失；"灰鸽子"会把自身注册为系统服务，以服务的方式来实现开机自启动运行。"灰鸽子"主安装程序执行完毕后会自我删除。

（五）"QQ 大盗"及其变种

Trojan/PSW.QQPass "QQ 大盗"是木马家族的最新成员之一，采用高级语言编写，并经过加壳保护处理。"QQ 大盗"运行时，会在被感染计算机的后台搜索用户系统中有关 QQ 注册表项和程序文件的信息，然后强行删除用户计算机中的 QQ 医生程序"QQDoctorMain.exe""QQDoctor.exe"和"TSVulChk.dat"，从而保护自身不被查杀。"QQ 大盗"运行时，会在后台盗取计算机用户的 QQ 账号、QQ 密码、会员信息、IP 地址、IP 所属区域等信息，并且会在被感染计算机后台将窃取到的这些信息资料发送到黑客指定的远程服务器站点或邮箱，给被感染计算机用户带来不同程度的损失。"QQ 大盗"通过在注册表启动项中添加键的方式，来实现开机自启动。

（六）"Flash 蛀虫"及其变种

"Flash 蛀虫"是脚本病毒家族的最新成员之一，采用 Flash 脚本语言和汇编语言编写而成，并且代码经过加密处理，利用"Adobe Flash Player"漏洞传播其他病毒。"Flash 蛀虫"一般内嵌在正常网页中，如果用户计算机没有及时升级安装"Adobe Flash Player"提供的相应的漏洞补丁，那么当用户使用浏览器访问带有"Flash 蛀虫"的恶意网页时，就会在当前用户计算机的后台连接黑客指定站点，下载其他恶意程序并在被感染计算机上自动运行。所下载的恶意程序一般多为木马下载器，然后这个木马下载器还会下载更多的恶意程序安装到被感染计算机的系统中，给用户带来不同程度的损失。

（七）"初始页"及其变种

以 Trojan/StartPage.aza 为例，Trojan/StartPage.aza "初始页"变种 aza 是"初始页"木马家族中的最新成员之一，采用"Microsoft Visual C++6.0"编写，并且经过加壳保护处理。"初始页"变种 aza 运行后，会在被感染计算机系统的"%SystemRoot%\system32\"和"%SystemRoot%\system32\drivers\"目录下分别释放恶意 DLL 功能组件文件"*.dll"（文件名随机生成，文件大小为 45 056 字节）、恶意驱动文件"*.sys"（文件名随机生成，文件大小为 28 608 字节），在被感染计算机系统的后台定时访问指定的恶意广告站点。

（八）"机器狗"及其变种

以 Trojan/DogArp.h 为例，Trojan/DogArp.h"机器狗"变种 h 是"机器狗"木马家族的新成员之一，采用高级语言编写，并经过加壳保护处理。"机器狗"变种 h 运行后，在指定目录下释放恶意驱动程序并加载运行。通过恶意驱动程序直接挂接磁盘 IO 端口进行读写真实磁盘物理地址中的数据和进行监控关机行为等操作，从而达到穿透还原软件的目的。覆盖"cxplorcr.exe""uscrinit.exe"或"regedit.exe"等系统文件，实现"机器狗"变种 h 开机自启动。恶意驱动程序还能还原系统"SSDT"，致使某些安全软件的防御和监控功能失效。恶意破坏注册表，致使注册表编辑器无法运行。遍历当前计算机系统中的进程列表，一旦发现与安全相关的进程，强行将其关闭。修改注册表，利用进程映像劫持功能禁止近百种安全软件及调试工具运行。在被感染计算机系统的后台连接黑客指定站点获取恶意程序列表，下载列表中的所有恶意程序并在被感染计算机上自动调用运行。其中，所下载的恶意程序可能是网游木马、广告程序（流氓软件）、后门等，给被感染计算机用户带来不同程度的损失。

三、网络病毒的危害

计算机病毒从只存在于实验室，到影响了几乎所有计算机使用者，其强大的危害性有目共睹.总体说来，与传统的计算机病毒相比，网络病毒带来了更为严重的危害，主要表现在用户隐私泄露和网络性能影响上。

（一）隐私泄露

网络病毒窃取用户资料，比如 QQ、微信、网上银行密码、账号、游戏账号密码等。随着互联网和移动互联网的日益普及，人们享受到无比的便利，网络办公、网上购物、网上交友、网络游戏提高了工作生活效率，同时也带来了生活乐趣。但是，随着网络上各种账号、密码的增加，基于盗取这些信息从而获取利益的病毒也急剧增加，这些信息的泄露轻则侵犯到个人的隐私，重则带来巨大的经济损失。在网络越来越普及的今天，对计算机使用者带来的影响也越来越大。

（二）性能影响

网络病毒相对单机病毒对计算机及网络的性能影响更大，原因在于它的传播途径很广，而且可以影响整个网络，网络病毒可以利用目前较快的网速实现远高于光盘、软盘等介质的传播速度。以蠕虫病毒为例，每种蠕虫都有一个能够扫描到计算机当中的漏洞的模块，一旦发现漏洞后立即传播出去，它可以在感染了一台计算机后通过网络感染这个网络内的所有计算机。计算机被感染后，蠕虫会发送大量数据包，所以被感染的网络速度就会变慢，也会因为 CPU、内存占用过高而产生或濒临死机状态。目前，高校、公司甚至家庭等各方面都离不开计算机和网络，一旦网络病毒在网内大肆传播，将造成用户文件丢失、网络阻塞甚至设备损坏等严重。后果例如，"冲击波杀手"病毒曾造成许多网络核心设备过载死机，严重影响了网络的运行；"震荡波"病毒也曾大规模传播流行，感染病毒机器反复重启，严重影响了用户的使用；"传奇木马"一类的 arp 病毒引起局部网络时断时续，网络访问非常困难。总之，网络病毒严重影响了网络性能，导致网络无法正常运行。

第四节　反病毒技术

计算机病毒技术发展的过程，也是计算机反病毒技术发展的过程。计算机反病毒工作者从最初的仓促应战，到越来越掌握主动权，经历了漫长而曲折的过程。

最开始的杀毒软件是针对单个病毒而设计的，但随着 20 世纪 80 年代末计算机病毒数量急剧膨胀，达到上千种，显然不能用上千种杀毒软件去对抗大量病毒，并且随着新病毒的出现而不断升级。毫无疑问，杀病毒软件是对抗计算机病毒、彻底解除病毒危害的有力工具。但美中不足的是杀病毒软件只能检测杀除已知病毒，而对新病毒却无能为力，同时人们发现杀病毒软件本身也会染上病毒。于是反病毒技术界就设想能否研制一种既能对抗新病毒，又不怕病毒感染的新型反病毒产品。后来这种反病毒硬件产品研制出来了，就是防病毒卡。防病毒卡的核心是一个固化在 ROM 中的软件，它的出发点是以不变应万变，通过动态驻留内存来监视计算机的运行情况，根据总结出的病毒行为规则和经验，通过截获中断控制权规则和经验来判断是否有病毒活动。防病毒卡曾经让反病毒工作者认为终于找到了一个万全之策，可以解决所有的病毒攻击，因为理论上所有正在内存中运行的病毒都会被清理掉。从 20 世纪 80 年代末到 90 年代初，基本上是杀病毒软件和防病毒卡并行使用，各司其职，互为补充，成为反病毒工作的重要工具。但随着病毒技术的发展，防病毒卡很快便衰落下来，一方面是因为防病毒卡作为固化软件升级困难，另一方面则是随着磁盘病毒的产生使防病毒卡根本无能为力。

到 20 世纪 90 年代中期，由于病毒数量继续增多，反查杀技术继续提高，杀毒和防毒产品各自分立使用已经很难满足用户的需求，随之出现了"查杀防合一"的集成化反病毒产品，把各种反病毒技术有机地组合到一起共同对计算机病毒作战。20 世纪 90 年代末期，随着操作系统和网络的大力发展，病毒技术也获得了新的发展，防病毒卡已失去存在的价值，退出历史舞台，出现了具有实时防病毒功能的反病毒软件。总体说来，反病毒技术经历了以下发展阶段：

第一代反病毒技术采取单纯的病毒特征诊断，但是对加密、变形的新一代病毒，简单扫描无能为力。

第二代反病毒技术采用静态广谱特征扫描技术，可以检测变形病毒，但是误报率高，杀毒风险大，显示出静态防病毒技术难以克服的缺陷。

第三代反病毒技术将静态扫描技术和动态仿真跟踪技术相结合，能够全面实现防、查、杀等反病毒所必备的手段，以驻留内存的方式检测病毒的入侵，凡是检测到的病毒都能清除，不会破坏文件和数据。

第四代反病毒技术基于病毒家族体系的命名规则，基于多位 CRC 校验和扫描机理、启发式智能代码分析模块、动态数据还原模块（能查出隐蔽性极强的压缩加密文件中的病毒）、内存杀毒模块、自身免疫模块等先进杀毒技术，能够较好地完成查杀毒的任务。

可以肯定，只要计算机病毒继续存在，反病毒技术就会继续发展。新的病毒形态不断出现，但反病毒技术基于检测、防范和清除的一般规律是不变的。也就是说计算机病毒的防治要从查毒、防毒和杀毒三方面来进行。

一、病毒的检测

病毒的检测即查毒，是清除病毒的前提条件。通过查毒，应该能够准确地判断计算机系统是否感染病毒，能准确地找出病毒的来源，并能给出统计报告。查毒的能力应由查毒率和误报率来评判。目前通用的查毒方式有三种：

（一）病毒扫描

病毒扫描的原理就是寻找病毒特征，通过这些病毒特征能唯一地识别某种类型的病毒。判别病毒扫描程序好坏的一个重要指标就是"误报"率。如果"误报"率太高，就会带来不必要的虚惊。此外，进行病毒扫描的软件必须随时更新，因为新的病毒在不断涌现，而且有些病毒还具有变异性和多态性。

（二）完整性检查

完整性检查可以用来监视文件的改变，当病毒破坏了用户的文件后（比如将自己隐藏于文件头部、尾部或文件中），文件大小就会改变，完整性检查程序就可帮助用户发现病毒。该技术的缺点是只有在病毒产生破坏作用之后，才可能发现病毒，且"误报"率相对较高。例如，由于软件的正常升级或程序设置的改变等原因都可以导致"误报"，但是完整性检查软件主要检查文件的改变，所以它们适合于对付多态和变异病毒。

（三）行为封锁

行为封锁有别于在文件中寻找或观察其被改变的软件，它试图在病毒开始工作时就阻止病毒。在异常事件发生前，行为封锁软件可能检查到异常情况，并警告用户。当然，有的"可疑行为"实际上是完全正常的，所以"误诊"总是难免的。例如，一个文件调用另一个可执行文件就可能存在伴随型病毒的征兆，但也可能是某个软件包要求的一种操作。

对于确定的环境，包括内存、文件、引导区／主引导区、网络等能够准确地报出病毒名称。但计算机病毒的应用环境是不断变化的，查毒时应当结合多种技术，才能有效地检测出病毒，从而更好地保护计算机不受病毒侵害。

二、病毒的防范与清除

随着计算机技术的不断发展，计算机病毒变得越来越复杂，其对计算机信息系统构成的威胁也越来越大，急需进行病毒防范。病毒防范需要根据系统特性，采取相应的系统安全措施预防病毒入侵计算机。通过采取防毒措施，可以准确、实时地检测经由光盘、软盘、硬盘等不同目录之间，局域网、因特网之间或其他形式的文件下载等多种方式进行的传播。能够在病毒侵入系统时发出警报，记录携带病毒的文件，及时清除其中的病毒。对网络病毒而言，能够向网络管理人员发送关于病毒入侵的消息，记录病毒入侵的工作站，必要时还能够注销工作站，隔离病毒源。

（一）病毒的防范

预防计算机病毒有一些基本的方法，总体来说主要包括技术性防毒和策略性防毒两方面。

1. 技术性防毒

技术性防毒主要包括使用杀毒软件并且经常将其升级更新，使病毒程序远离计算机；使用最新版本的万维网浏览器软件、电子邮件软件及其他程序。

2. 策略性防毒

对于大部分计算机防病毒软件而言，完全预防所有的病毒是几乎不可能的事情，策略性防毒将会更大程度地保障计算机安全，包括对重要文件进行备份，以免由于病毒危害造成不可挽回的损失；保持良好的习惯，使用由数字和字母混排而成、难以破译的口令密码，并且经常更换；对不同的网站和程序，要使用不同的口令，以防止被黑客破译；只向有安全保证的网站发送信用卡号码，留意寻找浏览器底部显示的挂锁图标或钥匙形图标，不打开来路不明的电子邮件的附件；及时了解病毒技术的最新动向，若知道某种病毒的发作条件，在不能确定计算机是否被病毒感染的情况之下，最简单的做法就是不让这种病毒发作的条件得到满足。

（二）病毒的清除

病毒清除是指根据不同类型病毒对感染对象的修改，并按照病毒的感染特征所进行的恢复，该恢复过程不能破坏未被病毒修改的内容，即最大限度恢复感染对象未中毒前的原始信息。感染对象包括：内存、引导区／主引导区、可执行文件、文档文件、网络等。清毒能力是指从感染对象中清除病毒，恢复被病毒感染前的原始信息的能力。

1. 文件型病毒清除

文件型病毒的清除最为普遍，因为在计算机病毒中绝大部分是文件型。从数学角度而言，消除病毒的过程实际上是病毒感染过程的逆过程。通过检测工作（跳转、解码），可以得到病毒体的全部代码，分析病毒对文件的修改，把这些修改还原即可将病毒清除。

2.引导型病毒清除

对于引导型病毒清除要复杂得多，因为此类病毒占据软盘或硬盘的第一个扇区，在开机后先于操作系统得到对计算机的控制，影响系统的 I/O 存取速度，干扰系统的正常运行，需要通过重写引导区的方法清除。

3.内存病毒清除

内存病毒清除的难度更高，因为内存中的病毒会干扰反病毒软件的检测结果，所以反病毒软件的设计者还必须考虑到对内存进行杀毒。新的内存杀毒技术是找到病毒在内存中的位置，重构其中部分代码，使其传播功能失效。

三、常见的杀毒软件介绍

目前最有效的病毒预防和清除方式是安装杀毒软件，在一般的单位或企业里面，会购买一定期限的软件，可以比较有效地防范病毒的入侵，保护公司系统的安全和保证数据的保密性，对于一般的用户，可以选择到网上寻找适当的资源。当然，杀毒软件需要通过在线或离线升级的方式适时更新最新的版本。

对个人计算机而言，在互联网上有很多公司提供了免费的防毒杀毒软件，比较常见的有 360 杀毒软件、瑞星杀毒软件等。

四、网络病毒的防范与清除

网络环境下病毒的防范与清除显得更加重要了。这有两方面的原因：首先是网络病毒具有更大破坏力；其次是遭到病毒破坏的网络要进行恢复非常麻烦，而且有时几乎不可能恢复。因此采用高效的网络防病毒方法和技术是一件非常重要的事情。一般来讲，计算机病毒的防治在于完善操作系统和应用软件的安全机制。但在网络环境条件下，可相应采取新的防范手段。网络大都采用"Client.Server"的工作模式，需要从服务器和工作站两方面结合解决防范病毒的问题

（一）基于服务器的防毒技术

服务器是网络的核心，一旦服务器被病毒感染，无法启动，整个网络就会陷于瘫痪。目前基于服务器的防治病毒方法大都采用了 NLM 技术，以 NLM 模块方式进行程序设计，以服务器为基础，提供实时扫描病毒能力。市场上的产品都是采用了以服务器为基础的防病毒技术。这些产品的目的都是保护服务器，使服务器不被感染。这样，病毒也就失去了传播途径，因而杜绝了病毒在网上蔓延。目前基于服务器的防毒技术一般具有以下功能：

1.服务器所有文件扫描

对服务器中的所有文件集中检查是否带毒，若有带毒文件，则提供管理员几种处理方法：允许用户清除病毒，删除带毒文件，或更改带毒文件名成为不可执行文件名并隔离到

一个特定的病毒文件目录中。

2. 设置扫描时机

包括实时扫描和管理员设置扫描时机。实时扫描即全天 24 小时监控网络中是否有带毒文件进入服务器，实时在线扫描能非常及时地追踪病毒的活动，及时告知网络管理员和工作站用户；服务器扫描时机选择可由系统管理员定期检查服务器中是否带毒，可按月、周或天集中扫描一下网络服务器。

3. 对工作站扫描

基于服务器的防病毒软件不能保护本地工作站的硬盘，有效方法是在服务器上安装防毒软件，同时在上网的工作站内存中调入一个常驻扫毒程序，实时检测在工作站中运行的程序。

4. 对用户开放特征接口

对用户遇到的带毒文件自动报告及进行病毒存档。病毒存档内容为：病毒类型、病毒名称、带毒文件所存的目录及工作站标识和对病毒文件处理方法等。经过病毒特征分析程序，自动将病毒特征加入特征库，以随时增强抗毒能力。

基于服务器的防治病毒方法，表现在可以集中式扫毒，能实现实时扫描功能，软件升级方便。特别是当联网的机器很多时，利用这种方法比为每台工作站都安装防病毒产品要节省成本。

（二）基于工作站的防毒技术

虽然服务器扫描具有较高的扫描效率，也节省了成本，但不能兼顾所有的工作站，对某些重要位置的工作站，可以采取与单独防毒的方法结合使用。工作站方面采用安装防病毒芯片的方法，这种方法是将防病毒功能集成在一个芯片上，安装在网络工作站上，以便经常性地保护工作站及其通往服务器的路径，就能有效地防止病毒的入侵。将工作站存取控制与病毒保护能力合二为一插在网卡的 EPROM 槽内，用户也可以免除许多烦琐的管理工作。

市场上 Chipway 防病毒芯片就是采用了这种网络防病毒技术。在工作站 DOS 引导过程中，ROMBIOS, Extended BIOS 装入后，Partition Table 装入之前，Chipway 获得控制权，这样可以防止引导型病毒。Chipway 的特点是：①不占主板插槽，避免了冲突；②遵循网络上国际标准，兼容性好；③具有其他工作站防毒产品的优点。但目前，Chipway 对防止网络上广为传播的文件型病毒能力还十分有限。

同时，由于网络防病毒最大的优势在于网络的管理能力，对网络的管理可以从两方面着手解决：一是制定严格的管理制度，加强硬、软件的管理，防止硬、软件随意流通，尤其是光盘、U 盘、移动硬盘等存储工具的流通；二是充分利用网络系统安全管理方面的功能（即设置注册名、用户口令、访问权限和文件属性等），有效地防止病毒侵入。

第四章 IPS入侵防御系统

第一节 安全威胁发展趋势

互联网及 IT 技术的应用在改变人类生活的同时，也产生了各种各样的新问题，其中信息网络安全问题将成为最重要的问题之一。网络带宽的扩充、IT 应用的丰富化、互联网用户的膨胀式发展，使得网络和信息平台早已成为攻击爱好者和安全防护者最激烈的斗争舞台。Web 时代的安全问题已远远超过早期的单机安全问题，正所谓"道高一尺，魔高一丈"，针对各种网络应用的攻击和破坏方式更加多样化，安全防护方法也越来越丰富。

一、信息网络安全威胁的新形势

伴随着信息化的快速发展，信息网络安全形势愈加严峻。信息安全攻击手段向简单化、综合化演变，攻击形式却向多样化、复杂化发展，病毒、蠕虫、垃圾邮件、僵尸网络等攻击持续增长，各种软硬件安全漏洞被利用进行攻击的综合成本越来越低，内部人员的蓄意攻击也防不胜防，以经济利益为目标的黑色产业链已向全球一体化演进。

随着新的信息技术的应用，新型攻击方式不断涌现，例如针对虚拟化技术应用产生的安全问题、针对安全专用软硬件的攻击、针对网络设备的攻击、形形色色的 Web 应用攻击等。在新的信息网络应用环境下，针对新的安全风险必须要有创新的信息安全技术，需要认真对待这些新的安全威胁。

（一）恶意软件的演变

随着黑色产业链的诞生，恶意软件对用户的影响早已超过传统病毒的影响，针对 Web 的攻击成为这些恶意软件新的热点，新时期恶意软件的攻击方式发生了很大的改变。

1. 木马攻击技术的演进

网页挂马成为攻击者快速植入木马到用户机器中的最常用手段，也是目前对网络安全影响最大的攻击方式。木马制造者在不断研究新的技术，例如增加多线程保护功能，并通过木马分片及多级切换摆脱杀毒工具的查杀。

2.蠕虫攻击技术的演进

除了传统的网络蠕虫，针对 E-mail、IM、SNS 等的蠕虫越来越多，技术上有了很大进步，例如通过采用多层加壳模式提高了隐蔽性。此外采用类似 P2P 传染模式的蠕虫技术使得其传播破坏范围快速扩大。

3.僵尸网络技术的演进

在命令与控制机制上由 TRC 协议向 HTTP 和各种 P2P 协议转移，不断增强僵尸网络的隐蔽性和鲁棒性，并通过采取低频和共享发作模式，使得僵尸传播更加隐蔽；通过增强认证和信道加密机制，对僵尸程序进行多态化和变形混淆，使得对僵尸网络的检测、跟踪和分析更加困难。

（二）P2P 应用引发新的安全问题

P2P 技术的应用极大地促进了互联网的发展，但这种技术在给用户带来便利的同时，也给网络应用带来了一些隐患。版权合法问题已成为众多 P2P 提供商和用户面临的首要问题，而 P2P 技术对带宽的最大限度占用使运营商面临严峻的网络带宽挑战，并且可能影响其他业务的正常使用。对于基于时间或流量提供带宽服务的运营商而言，如何正确地优化带宽并合理地应用 P2P 技术将成为其面临的主要挑战。

此外，目前 P2P 软件本身也成为众多安全攻击者的目标，主流 P2P 软件的去中心化和开放性使得 P2P 节点自身很容易成为脆弱点，利用 P2P 传播蠕虫或者隐藏木马成为一种新的攻击趋势。

（三）新兴无线终端攻击

无线终端用户数目已超过固网用户数目，达到了几十亿，随着 5G、WiMAX、LTE 等多种无线宽带技术的快速发展及应用，PDA、无线数据卡、智能手机等各种形式的移动终端将成为黑客攻击的主要目标。针对无线终端的攻击除了传统针对 PC 机和互联网的攻击手段外，还发展了许多新的攻击手段，包括：针对手机操作系统的病毒攻击；针对无线业务的木马攻击、恶意广播的垃圾电话、基于彩信应用的蠕虫、垃圾短信 / 彩信、手机信息窃取、SIM 卡复制；针对无线传输协议的黑客攻击等。这些新兴的无线终端攻击方式将会给今后无线终端的广泛应用带来严峻挑战。

（四）数据泄露的新形势

数据泄露已逐步成为企业最关注的问题之一，随着新介质、电子邮件、社区等各种新型信息传播工具的应用，数据泄漏攻击显现出新的特征：通过 U 盘、USB 口、移动硬盘、红外、蓝牙等传输模式携带或外传重要敏感信息，导致重要数据泄露；通过针对电子设备（例如 PC）重构电磁波信息，实时获取重要信息；通过植入木马盗取主机介质或者外设上的重要信息数据；通过截获在公网传播的 E-mail 信息或无线传播的数据信息，获取敏感信息。针对信息获取的数据泄漏攻击方式已成为攻击者的重点。

二、漏洞挖掘的演进方向

产生安全攻击的根源在于网络、系统、设备或主机(甚至管理)中存在各种安全漏洞，漏洞挖掘技术成为上游攻击者必备的技能。早期漏洞挖掘主要集中在操作系统、数据库软件和传输协议，今天的漏洞研究爱好者在研究方向上发生了很大的变化，目前漏洞挖掘技术研究的主流方向有以下几个。

（一）基于 ActiveX 的漏洞挖掘

ActiveX 插件已在网络上广泛应用，ActiveX 插件的漏洞挖掘及攻击代码开发相对而言比较简单，致使基于 ActiveX 的漏洞挖掘变得非常风行。

（二）反病毒软件的漏洞挖掘

安全爱好者制作了各种傻瓜工具方便用户发掘主流反病毒软件的漏洞，近几年反病毒软件漏洞在飞速增长，今后有更多的反病毒软件漏洞将可能被攻击者利用。

（三）基于即时通信的漏洞挖掘

随着 QQ、MSN、微信等即时通信软件的流行，针对这些软件/协议的漏洞挖掘成为安全爱好者关注的目标，针对网络通信的图像、文字、音频和视频处理单元的漏洞都将出现。

（四）基于虚拟技术的漏洞挖掘

虚拟机已成为 IT 应用中普通使用的工具，随着虚拟技术在计算机软硬件中的广泛应用，安全攻击者在关注虚拟化技术应用的同时，也在关注针对虚拟化软件的漏洞挖掘。

（五）基于设备硬件驱动的漏洞挖掘

针对防火墙、路由器以及无线设备的底层驱动的漏洞挖掘技术受到越来越多的安全研究者的关注，由于这些设备都部署在通信网络中，因此针对设备的漏洞挖掘和攻击将会对整个网络带来极大的影响。

（六）基于移动应用的漏洞挖掘

移动设备用户已成为最大众的用户，安全爱好者把注意力投向了移动安全性。针对 Symbian，Linux、Windows CE 等操作系统的漏洞挖掘早已成为热点，针对移动增值业务 / 移动应用协议的漏洞挖掘也层出不穷，相信不久，针对移动数据应用软件的漏洞挖掘会掀起新的高潮。

安全攻击者对于安全漏洞研究的多样化也是目前攻击者能够不断寻找到新的攻击方式的根源，因此设计安全的体系架构并实现各种软硬件 / 协议的安全确认性是杜绝漏洞挖掘技术生效乃至减少安全攻击发生的基础。

三、信息网络安全技术的演进

信息安全技术是发展最快的信息技术之一，随着攻击技术的不断发展，信息安全技术也在不断演进，从传统的杀毒软件、入侵检测、防火墙、UTM（综合安全网关）技术向可信技术、云安全技术、深度包检测（DPI）、终端安全管控以及 Web 安全技术等新型信息安全技术发展。

（一）可信技术

可信技术是用于提供从终端到网络系统的整体安全可信环境。这是一个系统工程，包含以下几方面：

第一，可信计算。通过在终端硬件平台上引入可信架构，提升终端系统的安全性。PC、服务器、移动终端等都是可信计算的实体。

第二，可信对象。通过识别网络上所有有效实体对象的信誉度，确定是否需要提供网络服务，以便有效控制不可信对象的传播。IP 地址、电子邮件、Web 页面、Web 地址等都是可信对象的实体。

第三，可信网络。通过把安全能力融合到网络能力中，并设计安全的网络体系结构，从而保障整体网络的安全能力。各种网络设备和网元是可信网络的实体。

1. 可信计算技术

可信计算平台是以可信计算模块（TPM）为核心，把 CPU、操作系统、应用软件和网络基础设备融为一体的完整体系结构。主机平台上的体系结构可以划分为可信平台模块（TPM）、可信软件栈(TSS)和应用软件 3 层，其中应用软件是被 TSS 和 TPM 保护的对象。

TPM 是可信计算平台的核心，是包含密码运算模块和存储模块的小型 SoC（片上系统），通过提供密钥管理和配置等特性，完成计算平台上各种应用实体的完整性认证、身份识别和数字签名等功能。TSS 是提供可信计算平台安全支持的软件，其设计目标是为使用 TPM 功能的应用软件提供唯一入口，同时提供对 TPM 的同步访问。

2. 可信对象技术

可信对象技术是通过建立一个多维度的信誉评估中心，对需要在网络中传播的对象进行可信度标准评估，以获得该对象的可信度并确定是否可以在网络中传播。

在可信对象技术中，构建正确、可信的信誉评估体系是关键要素。由于不同对象的评估因素和评估准则相差比较大，因此目前针对不同对象的信誉评估体系，通常是单独建设的。目前最常用的信誉评估体系有以下两种。

（1）邮件信誉评估体系

针对电子邮件建立的邮件评估体系，重点评估是否为垃圾邮件。评估要素通常包括邮件发送频度、重复次数、群发数量、邮件发送 / 接收质量、邮件路径以及邮件发送方法等。由于全球每天有几十亿封邮件要发送，因此好的邮件信誉评估体系在精确度及处理能力上存在很大的挑战。

（2）Web 信誉评估体系

重点针对目前的 Web 应用，尤其是 URL 地址进行评估的 Web 信誉评估体系。评估要素通常包括域名存活时间、DNS 稳定性、域名历史记录以及域名相似关联性等。

在信誉评估体系中重点强调对象的可信度，如果认可对象的可信度，则该对象允许在网络中传播；如果可信度不足，此时将做进一步的分析。

3. 可信网络技术

可信网络的目标是构建全网的安全性、可生存性和可控性。在可信网络模型中，各对象之间建立起相互依存、相互控制的信任关系，任何对象的可信度不是绝对可靠的，但可以作为其他个体对象交互行为的依据。典型的可信网络模型有以下几种。

（1）集中式的可信网络模型

在这类模型中，网络中存在几个中心节点，中心节点负责监督、控制整个网络，并负责通告节点的生存状况和可信状况，中心节点的合法性通过可信 CA 证书加以保证。这类系统由于是中心依赖型的，因此存在可扩展性差、单点失效等问题。

（2）分布式的可信网络模型

在这类模型中，每个网络节点既是中心节点，也是边缘节点。节点可信度是邻居节点及相关节点之间相互信任度的迭代，节点之间既相互监控，也相互依存，通过确保每一个节点在全网的可信度来构建可信网络。

（3）局部推荐的可信网络模型

在这类模型中，节点通过询问有限的其他节点来获取某个节点的可信度，节点之间的监控和依赖是局部的。在这类系统中，往往采取简单的局部广播手段，其获取的节点可信度也往往是局部的和片面的。

应用可信技术，可以保证所有的操作都是经过授权和认证的，所有的网元、设备以及需要传播的对象都是可信的，确保整个网络系统内部各元素之间严密的互相信任；能够有效解决终端用户的身份认证和网元身份认证、恶意代码的入侵和驻留、软硬件配置的恶意更改以及网络对象的欺骗，可对用户终端细粒度的网络接入进行控制。

（二）云安全技术

云安全技术是一项正在兴起的技术，它将使用户现有以桌面 / 边界设备为核心的安全处理能力转移到以网络 / 数据中心为核心的安全处理能力，并充分利用集中化调度的优势，极大地提高用户享受安全服务的简易性、方便性以及高效性。当前，关于云安全技术的应用主要分为两大类：一类是云计算带来的安全能力演进；另一类是基于虚拟化的云安全技术。

1. 云计算的安全能力演进

云计算通过把网络计算能力集中化、虚拟化，使计算能力获得极大提升。这种能力将对长期在安全和效率之间平衡发展的安全技术带来极大的变革，尤其是给新的安全技术的发展带来了革命性的变化。基于云计算的安全能力演进主要体现在以下几方面。

（1）对 UTM 技术的影响

目前，UTM 技术最大的难题就是如何使应用层的安全能力效率可以提升到网络层的安全能力效率，通过充分利用云计算模式，可以把产生瓶颈的应用处理内容交给云计算模块处理，使得在单设备中长的处理时间转变为短的传输时间，从而极大地提高效率，尤其是当 UTM 作为局端集中式设备提供服务时，这种优势将更加明显。

（2）对信誉评估体系的影响

无论是邮件信誉评估体系还是 Web 信誉评估体系，每天或每小时数以亿计的对象数量使得真正的信誉评估体系处理效率大打折扣，云计算能够有效地解决这一问题。

（3）对其他安全技术的影响

对于需要大量历史信息、大量数据库以及分布式处理的信息安全技术，如在线杀毒、信息安全评估中心 SOC、分布式 IPS，一旦云计算技术被合理应用，将能够给信息安全技术带来革新。

因此，基于云计算整合的安全能力将极大地促进安全应用服务的演进。

2. 基于虚拟化的云安全技术演进

云安全的另一个核心就是安全技术虚拟化，通过云端和客户端的结合提供一种新型的信息网络安全防御能力。从技术上看，云安全虚拟化不仅是某款产品，也不是解决方案，而是一种安全服务能力的提供模式。

基于虚拟化的云安全服务模式是将安全能力放在"云"端，通过云端按需提供给客户端需要的安全能力，整个安全核心能力的提供完全由云安全中心来负责，目前主要有以下两种云安全模式。

（1）基于网关安全的云安全模式

典型代表如采用虚拟防火墙、VPN、虚拟UTM技术提供的云安全服务，即通过在局端部署采用虚拟技术的防火墙、VPN以及UTM等安全设备，客户端可以动态申请设备的安全服务，局端也可以根据客户端的请求，动态地分配给终端不同的安全能力。

（2）基于主机安全的云安全模式

基于云的主机安全不再需要客户端保留病毒库或其他安全特征库信息，所有的特征信息都存放于互联网的云端。云终端用户通过互联网与云端的特征库服务器实时联络，由云端对异常行为或病毒进行集中分析和处理，云端可以根据客户端的需求按需配置安全能力。

基于如上的云安全技术，当"云"在网络上发现不安全链接或者安全攻击时，可以直接做出判断，阻止其进入内网络节点或者主机，从根本上保护用户的安全。

当云安全时代来临时，原来主流的主机安全软件（如AV软件）或者边界安全网关（如防火墙）的作用将越来越小，而基于云中心的安全能力将极大提升，也可能使安全领域近20年固有的产业链和商业模式被改写。

（三）DPI技术

互联网已经进入丰富的Web应用时代，对传统提供网络带宽的网络运营商而言，除了铺设网络通道，他们也开始探索网络业务的应用。DPI技术越来越受到网络运营商的青睐，DPI技术可对报文关联性等因素进行监测，实现报文的深度识别。DPI技术的应用不仅可以帮助网络运营商更加优化地分配网络带宽资源，还将对网络攻击的深度安全防范以及网络业务的精细化运营带来积极的促进作用。

1. 基于DPI技术的深度攻击防范

传统的网络安全检测通常是在IP协议的2～4层进行检测，DPI技术实现了业务应用流中的报文内容探测，而且可以探查数据源的整个路径，因此安全技术中结合DPI技术将可以极大提升安全能力，具体表现在以下几方面。

（1）可以深入分析异常流量

目前的DDoS攻击除了常见的SYN Flood等类型的网络层泛洪攻击外，还有很多的应用层泛洪攻击，基于DPI技术不仅可以检测到应用层的关联攻击，还可以实现基于异常行为的检测，结合DPI技术的异常流量检测技术将更加有效。

（2）可以深入探查僵尸网络的根源和目标

基于DPI技术的路径追踪可以容易地探查到僵尸网络的控制服务器，进而能直接探查到每个被控制的僵尸主机。

（3）实现深度异常行为检测

由于 DPI 技术可以有效分析特定客户群的行为特征，而一些黑客共用的特性经常可以被提取，基于 DPI 的异常行为分析将使得入侵检测和防御的能力更加强大。

除此之外，DPI 技术对于防范蠕虫、木马、病毒等攻击也将产生一定的作用。

2.基于 DPI 技术的业务精细化管理

基于下载型和流媒体型的 P2P 应用带来了很大的网络带宽压力，使得运营商必须考虑对数据网络实施精细化运营。DPI 技术可以很好地满足运营商这方面的需求。DPI 技术能够高效地识别网络中的各种业务，并对应用业务流量进行监测、采集、分析、统计等。通过采用 DPI 技术，运营商可以提供差异化服务能力，提供基于流量、带宽、市场等多维度的精细化计费模式，这样不仅可以保障关键业务和可信任流量等的服务质量，也能对一些如 P2P 等大的流量进行有效疏导，最大限度地实现业务带宽优化管理，从而有效实现业务的精细化管理。除此之外，针对运营支撑的相关数据（如业务流向、用户行为等）进行数据挖掘，可以为产品营销和客户群细分策略提供有力支撑。

（四）Web 应用安全技术

地下黑客产业链的产生和发展，使得攻击者越来越聚焦于针对 Web 应用程序的攻击，Web 应用的安全问题正成为信息网络安全技术领域的一个研究热点。典型的 Web 应用安全技术主要有以下几类。

1.Web 防火墙

网页是网站的主要数据来源和用户操作的接口，Web 防火墙建立了基于网页安全访问控制的安全机制，通过对网页访问者的访问限制和合法性检查增强网页系统的安全性。实现方式有基于 Web 服务器的软件防火墙和基于网关的 Web 硬件防火墙。

2.URL 过滤

互联网在提供丰富应用的同时，也成为传播不良信息的平台。URL 过滤功能可以管理并过滤不良网络资源的 URL。互联网上不良网站数量庞大且每天都在不断变化，过滤器的 URL 类库完备性以及 URL 高效的匹配算法是 URL 过滤的关键要求。

3.反垃圾邮件（SPAM）

电子邮件已经成为最常用的网络工具，反垃圾邮件技术早已被大家所重视，除了传统的白名单、黑名单、基于规则过滤邮件以及源头认证技术外，内容指纹分析、邮件信誉评估等新技术也被应用，此外针对不良图片的图片垃圾邮件、针对广告语音的语音邮件垃圾技术也逐步得到了应用。

4.网页挂马防范

网页挂马已成为非常流行的一种木马传播方式，危害极大。目前，很多 Web 安全网关或反病毒软件都具备查杀网页挂马或控制访问挂马网页的能力。除了使用网络安全工具，更新系统补丁、卸载不安全插件、禁用脚本和 ActiveX 控件运行、实施 Web 信誉评估等措施可以提升对网页挂马的防范能力。此外，还有针对 Web 病毒、钓鱼网站、间谍软件等不同的 Web 攻击防范技术。

（五）终端安全管控技术

传统的防火墙、入侵检测、防病毒等安全设备在一定程度上解决了信息系统的外部安全问题，而内部的数据泄漏和人为攻击已成为现阶段主要的安全风险。内部安全风险控制的核心在于终端行为管控，如何确保终端不成为安全攻击或信息泄漏的突破口成为关注的问题，目前常用的终端安全管控技术包含以下三类。

1.终端接入控制技术

终端接入控制技术是对终端的安全状态进行检查，确保接入网络的设备达到企业要求的安全水平，避免不安全的终端危害整个网络的健康，并通过提供安全修复能力对不健康终端进行修复。

终端接入控制技术的出发点是控制攻击的传播从而保护网络，提供基于用户身份的安全状态检查，实现细粒度的网络访问权限控制。对无线终端的接入控制、对远程接入设备的控制、细化控制粒度以及利用现有网络设备实现全网统一的安全控制是接入控制技术的发展趋势。

2.终端行为管控技术

PC 用户会自觉或不自觉地违反企业信息安全管理策略，如在工作时间上网炒股、玩游戏或使用即时通信，也可能将企业的机密信息通过 USB 接口或网络发送出去。

行为管控技术可以检查终端应用软件安装情况，监控终端上运行的进程和服务，控制终端上的 USB、红外、蓝牙等接口和外设，控制应用程序对网络的合理访问，并记录终端上的文件操作情况。通过行为管控技术，可以让企业制定的信息安全策略被终端用户了解并在终端上落实，避免终端成为网络攻击的薄弱点和信息泄露的途径。

3.文档安全技术

企业的信息资产越来越多以电子文档形式存在，方便传播的同时也更容易造成泄密。文档安全技术能够有效防止信息泄露。文档安全技术的实现方式有以下两种，两种方式均可以通过编辑器提供的接口实现对特定文件类型的读、写、修改、打印等权限控制。

（1）驱动层加密

驱动层加密技术实现文件的过滤驱动，对特定的文件进行加、解密，提供给对应文件编辑 / 阅读工具的仍然是明文，可以实现对任意文件类型的保护。

（2）应用层加密

应用层加密技术处理特定的文件格式，不需要开发文件驱动。

第二节　应用层安全威胁分析

随着越来越多的人开始使用网络，网络的安全可靠就变得尤为重要。随着网络基础协议的逐渐完善，网络攻击向应用层发展的趋势越来越明显，诸如应用层的 DDOS 攻击、HTTPS 攻击以及 DNS 劫持发生的次数越来越多，特别是 HTTPS 由于已经被电子商务、互联网金融、政务系统等广泛使用，如果遭受攻击造成的损失和影响非常大。面对这些网络应用层安全事件，应该仔细分析目前的形势，探究发生这些事件的缘由，据此提出自己的建议。

一、应用层安全分析

网络 OSI 模型分七层，应用层位于最顶端，目前仍然活跃并被广泛使用的应用层协议主要有：HTTP、HTTPS、SMTP、POP3、DNS、DHCP、NTP 等，常见攻击主要利用 HTTP，HTTPS 协议以及 DNS 协议进行。下面将就目前逐渐被广泛应用的 HTTPS 进行一些分析与研究。

（一）内容加密

加密算法一般分为两种，对称加密和非对称加密。对称加密就是指加密和解密使用的是相同的密钥。而非对称加密是指加密和解密使用了不同的密钥。对称加密的加密强度是挺高的，但是问题在于无法安全保存生成的密钥。

非对称加密则能够很好地解决这个问题。浏览器和服务器每次新建会话时都使用非对称密钥交换算法生成对称密钥，使用这些对称密钥完成应用数据的加解密和验证，会话在内存中生成密钥，并且每个对话的密钥也是不相同的，这在很大程度上避免了被窃取的问题。但是非对称加密在提高安全性的同时也会对 HTTPS 连接速度产生影响，下面将会探究一下非对称加密算法，以便为下一步分析安全风险做准备。

1. 非对称密钥交换

非对称加密出现主要是为了解决对称密钥保存的安全性不足问题，密钥交换算法本身非常复杂，密钥交换过程涉及随机数生成、模指数运算、空白补齐、加密、签名等操作。常见的密钥交换算法有 RSA、ECDHE、DH、DHE 等算法。它们的特性如下。

RSA：算法实现简单，诞生于 1977 年，历史悠久，经过了长时间的破解测试，安全性高。缺点就是需要比较大的素数来保证安全强度，很消耗 CPU 运算资源。RSA 是目前唯一一个既能用于密钥交换又能用于证书签名的算法。

DH：密钥交换算法，诞生时间比较早，缺点是比较消耗 CPU 性能。

ECDHE：使用椭圆曲线（ECC）的 DH 算法，优点是能用较小的素数实现与 RSA 相同的安全等级。缺点是算法实现复杂，用于密钥交换的历史不长，没有经过长时间的安全攻击测试。

ECDH：不支持 PFS，安全性低，同时无法实现 falsestart。

建议优先使用 RSA 加密，这也是目前最普及的非对称加密算法，应用十分广泛。非对称密钥交换算法是整个 HTTPS 得以安全的基石，充分理解非对称密钥交换算法是理解 HTTPS 协议和功能的非常关键的一步，下面重点探究一下 RSA 在密钥交换过程中的应用。

（1）RSA 密钥协商

① RSA 算法介绍

RSA 算法的安全性是建立在乘法不可逆或者大数因子很难分解的基础上。RSA 的推导和实现涉及欧拉函数和费马定理及模反元素的概念。从目前来看，RSA 也是 HTTPS 体系中最重要的算法，没有之一。

②握手过程中的 RSA 密钥协商

介绍完了 RSA 的原理，那最终会话所需要的对称密钥是如何生成的呢？跟 RSA 有什么关系？以 TLS1.2 为例简单描述一下，省略跟密钥交换无关的握手消息，过程如下。

（a）浏览器发送 client_hello，包含一个随机数 random1。

（b）服务端回复 server_hello，包含一个随机数 random2，同时回复 certi？cate，携带了证书公钥 P。

（c）浏览器接收到 random2 之后就能够生成 premaster_secrect 以及 master_secrect。其中 premaster_secret 长度为 48 个字节，前 2 个字节是协议版本号，剩下的 46 个字节填充一个随机数。结构如下：

Struct{

byte Version[2];

butr random[46];

}

master-secrect 的生成算法简述如下：

Master_key=PRF(premaster_secret, "mastersecrect", 随机数 1+ 随机数 2)

其中 PRF 是一个随机函数，定义如下：

PRF(secret,label,seed)=P_MD5(Sl,label+seed)XORP_SHA-1(S2,label+seed)

从上式可以看出，把 premaster_key 赋值给 secret，"masterkey"赋值给 label，浏览器和服务器端的两个随机数做种子就能确定地求出一个 48 位长的随机数。而 master-secrect 包含了六部分内容，分别是用于校验内容一致性的密钥，用于对称内容加解密的密钥，以及初始化向量（用于 CBC 模式），客户端和服务端各一份。至此，浏览器侧的密钥已经完成协商。

浏览器使用证书公钥 P 将 premaster_secrect 加密后发送给服务器。

服务端使用私钥解密得到 premaster_secrect，又由于服务端之前就收到了随机数 1，所以服务端根据相同的生成算法，在相同的输入参数下，求出了相同的 master-secrect。

RSA 密钥协商握手过程可以看出，密钥协商过程需要 2 个 RTT，这也是 HTTPS 慢的一个重要原因。而 RSA 发挥的关键作用就是对 premaster_secrect 进行了加密和解密。中间者不可能破解 RSA 算法，也就不可能知道 premaster_secrect，从而保证了密钥协商过程的安全性。

（二）应用层特性分析

目前，我国关于网络层的很多安全问题已经解决，包括 teardrop、pingofdeath 等网络攻击，但是仍然有很多应用层的问题没有解决网络应用层的安全问题具有一定特殊性，主要集中在七方面，包括波及范围广、隐蔽性较强、复杂程度高、更新速度快、攻击时间短、防护难度高以及防火墙缺陷等。①波及范围广，一般网络层的安全问题会导致网络暂时性瘫痪或者无法访问，但网络应用层的危害则是导致用户信息泄露，直接威胁到用户的利益；②隐蔽性较强，网络应用层的木马或者病毒可以长期潜伏在系统中，可以利用 Web 漏洞发起攻击，普通安全系统难以及时辨识；③复杂程度高，网络应用层的安全威胁具有多态性；④更新速度快，目前，网络应用层的安全威胁正在逐年递增，一方面是网络应用层的复杂性决定的，另一方面是网络应用层软件的问题；⑤攻击时间短，网络应用层的攻击时间很多，可以快速获取管理员权限；⑥防护难度高，网络应用层比网络层更加贴近用户，用户使用失误导致的安全风险更高；⑦防火墙缺陷，传统防火墙无法识别网络应用层的攻击，更无法主动预测与防御网络应用层的攻击。

（三）应用层风险分析

网络应用层的安全风险主要体现在五方面，包括缺少漏洞检测方案、难以进行有效认知、无法有效阻止网络应用层攻击、缺乏实时监控系统以及未建立完善的安全审计体系。①缺少漏洞检测方案，网络攻击的基础是系统漏洞，包括主机漏洞、服务器漏洞等。以 Windows 操作系统为例，本地缓冲区的溢出漏洞为黑客留下了攻击的后门，方案防护建立在漏洞检测基础之上，但很多安全软件无法及时检测出漏洞。除此之外，很多 Web 漏洞扫描设备的布置缺乏合理性。②难以进行有效认证，网络安全防护的第一道防御措施就是身份认证，现有的认证措施包括 U 盾、生物识别等，但常用的认证措施依然是密码口令，黑客可以用密码猜测、暴力破解等方式绕过系统。③无法有效阻止网络应用层攻击，如果将安全防护全部开启，可能导致系统延迟，降低了系统运行效率，因此，很多企业并未完全开启安全协议，导致网络应用层安全风险较高。④缺乏实时监控系统。⑤未建立完善的安全审计体系，安全审计实际上是对安全技术的管理，但很多系统缺少对日志、网络数据等的审计体系。

（四）安全防御流程分析

网络应用层的安全防护策略建立在网络应用层攻击之上，需要对常见的网络应用层攻击进行分析，但不同的攻击方式采用的防护策略不同，同一攻击方式的目标差异也会导致防护策略差异。对网络应用层攻击方式进行分解，可以分为五个步骤，包括信息采集、网络攻击、网络破坏、预留后门以及行踪隐蔽等。

针对网络攻击的不同阶段，可以采用不同的防御措施。第一阶段是排除漏洞，在黑客发现系统漏洞之前及时修补系统安全漏洞，常用的漏洞扫描软件包括 Nessus 等，也可以针对服务器开放端口进行扫描，包括 NMap 等；第二阶段是在阻止黑客发动攻击，可以通过实时阻断攻击报文的方式阻止攻击行为，根据相关研究，该种防御方式可以有效阻止95% 以上的网络攻击；第三阶段是针对攻击行为进行防御，通过对特征库与数据流的对比分析，扫描出攻击报文，同时及时发送警报信息，与联动防御设备进行防护；第四阶段是安全审计阶段，一是检测出已经被攻击的证据，二是找出系统后门与木马，三是及时修补安全漏洞。

二、安全验证与设计

用 HTTPS 协议降级的方法来验证 HTTPS 所存在的漏洞。

SSL/TLS 协议通过握手来确定通信信息，其中握手双方要统一加密协议版本。

在握手过程中这样确认加密协议版本：

第一，由客户端（如浏览器）发送第一个数据包 ClientHello，这个数据包中保存着客户端支持的加密协议版本。

第二，服务器收到这个 ClientHello 数据包，查看里面客户端支持的加密协议版本，然后匹配服务器自己支持的加密协议版本，从而确认双方应该用的加密协议版本。

第三，服务器发送 ServerHello 数据包给客户端，告诉客户端要使用什么加密协议版本。

在上述过程中，如果客户端发送给服务器的 ClientHello 数据包中说自己仅支持某个有漏洞的旧版本加密协议（比如仅支持 SSLv3.0），服务器有两种可能：①服务器支持很多版本，其中包括有漏洞的旧版本和新版本（包括了 SSLv3.0 协议），那么服务器会认可使用有漏洞的旧版本协议，从而告诉客户端使用有漏洞的旧版本（可以使用 SSLv3.0）。②

服务器不支持有漏洞的旧版本，拒绝客户端的这次请求，握手失败。

对于攻击者，作为中间人只能监听到加密过的数据，如果这些数据通过没有漏洞的加密版本加密，攻击者并不能做什么。

但是，如果服务器提供有漏洞的旧版本加密协议的支持，而同时攻击者又能作为中间人控制被攻击者的浏览器发起漏洞版本的 HTTPS 请求，虽然攻击者监听到的也是加密过的数据，但因为加密协议有漏洞，可以解密这些数据，所以数据就和明文传输没有什么差别了。这就是 HTTPS 协议降级。

攻击者通过握手将 HTTPS 通信协议降低到 SSLv3.0 之后，将会拦截到经过 SSLv3.0 加密过的数据，PaddingOracle 攻击可以解密这些数据。

为什么叫 Padding，还得从 SSLv3.0 的加密原理说起。

在 HTTPS 握手过程中，通信双方还确认了一个"加密密码"，这个密码是双方在握手过程中使用非对称加密的方式协商出来的对称加密密码。攻击者能拦截到的数据就是被这个密码加密的。

这个对称加密使用 AES 加密，AES 块密码会把要加密的明文切分成一个个整齐的块(如将明文以 16 个字节为一块分成很多块)，如果最后一块不足一块，则会填充（Padding）满一块，再进行加密。这个填充就是 PaddingOracle 攻击的关键。

AES 是典型的块密码，块密码的加密方式有很多种，如果不了解，可以查看块密码的工作模式。

SSLv3.0 中使用 AES-CBC 模式加密，现在来看加密和解密流程。①明文首先被分成很多明文块，所有明文块的字节长度都一样，其中最后一个明文块经过了填充，若假设最后一个填充字节值为 L，则填充内容为值为 L 的字节重复 L 次(不包括最后一个字节本身)，②加密从第一个明文块开始链式依次进行，其中，第一个明文块先和初始化的向量进行异或，之后使用加密 key 加密，生成第一个密文块。③将第一个密文块与第二个明文块异或，然后使用加密 key 加密，生成第二个密文块。④以此类推，第 N 个密文块，由第 N-1 个密文块和第 N 个明文块异或，然后使用加密 key 加密获得。⑤将所有获得的密文块依次拼接起来，就得到了最后的加密数据，这个数据是暴露在网络流量中的数据，也是攻击者可能截获的数据。

解密过程如下：①将密文内容分为若干个密文块，每个密文块和加密时的明文块长度一样，此时由于加密时经过了填充，密文内容肯定能整齐地分割成整数个密文块。②对于第一个密文块，使用加密 key 解密之后，与加密时的初始化向量异或获得第一个明文块。③对于其他的密文块，如第 N 个，使用加密 key 解密之后，与第 N-1 个密文块异或，获得相应的明文。

上面解释了 AES-CBC 模式加密过程，这种模式使用不当会遭到针对 Padding 的攻击。

对于 SSL 协议，需要加密的数据包括信息本身和信息的 MAC 摘要值，在协议设计初期，由于大家考虑不周，使用了"先做信息摘要 MACDATA，再做加密"的方式（MAC-then-encrypt)。

MAC-then-encrypt，这种方式可能遭到 PaddingOracle 攻击。

这是一次请求要传递的数据结构示意，其中 Data 为最重要的数据，包括 cookie 甚至用户名密码等信息，HMAC 是 Data 以及其他一些序列数据的 MAC 摘要，最后是补充字节的 Padding。

在这种数据结构下，加密数据传输到接收者手里，会解密然后依次验证 Padding 数据和 HMAC 数据，来确认数据是正确的。

因此，接收者解密验证时主要有三种可能发生的情况：① Padding 数据错误，拒绝，返回。② HMAC 数据错误，拒绝，返回。③正确接收。

前文提到过 Padding 数据的规则是：若假设最后一个填充字节值为 L，则填充内容为值为 L 的字节重复 L 次（不包括最后一个字节本身）。而验证 Padding 的过程也是按照规则来的：读取最后一个字节的值，并移除最后一个字节，然后验证剩下的 Padding 为 L 个值为 L 的字节。

也就是说，当最后一个字节值为 0x00 的时候，Padding 验证会直接通过。

三、安全设计方案

通过上面可以看到攻击者是通过 Padding 验证返回和 Mac 验证返回结果不同来获得信息的，实际上，即使 Padding 验证失败和 Mac 验证失败都返回同样结果，攻击者也可以通过响应时间的不同通过 Timing 的方式获得信息。

所以在协议中将验证失败的响应时间和响应结果统一，使攻击者不能区分，从而能防范这种攻击。

而对于 SSL/TLS 协议的使用者，人们可以响应号召在自己服务器的加密协议支持列表上去掉 SSLv3.0。

通过上面的验证方法，应该对 HTTPS 面临的安全威胁有了更为深刻的认识，在未来我们需要不断挖掘潜在的漏洞并且能够及时反应，应用更为安全的算法，确保网络安全。

SSL/TLS 协议的工程实现存在着诸多非完美之处，这已不仅是不争之事实，还是必须接受之现实，未来随着网络的更广泛应用，安全的网络是一个迫切的需求，特别是网络应用层安全，HTTPS 作为网络应用层中被越来越广泛使用的协议，在电子商务、互联网金融、电子政务等方面应用的更为广泛，其重要性自然不言而喻。加强对于网络应用层攻击的防范就显得非常有必要了。

第三节　IPS的产生背景和技术演进

在当前信息环境之下，数据安全是共同关注的重点。与之对应的诸多安全技术，虽然经过多年的发展已经日趋成熟，但是从根本上看，不同种类的技术都会存在一定的薄弱环节，因此多种技术的交叉融合，对于当前网络而言就显得至关重要。

一、入侵检测系统的形成与架构

在多技术边缘融合的领域中，防火墙和入侵检测技术作为两种常见且行之有效的安全手段，其融合价值不容忽视。

入侵防御系统（IPS）是在防火墙（Firewall）以及入侵检测系统（IDS）两个技术体系的基础上发展起来的，面向局域网环境展开安全监测的技术系统，能有效地将两种技术相结合，取长补短，形成更为完善的局域网信息安全防御机制，服务企业发展。

从技术特征的角度看，防火墙是设置在网络安全区域外围的一系列组件集合，能够依据网络管理工作人员的设定执行相应的安全策略，并且对出入安全网络环境中的数据进行监控。虽然工作方式相对而言较为被动，但是对于外部攻击有着较强的抵御能力。作为网络环境中重要的隔离设备，其被动特征仍然决定了它在某些方面的表现不足。例如防火墙无法有效处理来源于网络安全区域内部的攻击发生，并且性能方面的限制决定了防火墙难以实现面向内部网络环境的实时监控。而另一个不容忽视的方面在于，入侵者完全可以伪造数据绕过防火墙或者找到防火墙中可能敞开的后门。

而入侵检测系统（IDS），本质上是依照一定的安全策略，通过软、硬件，对网络、系统的运行状况进行监视，尽可能发现各种攻击企图、攻击行为或者攻击结果，以保证网络系统资源的机密性、完整性和可用性。但是面对实际的网络环境，IDS同样存在一定的不足，虽然其工作特征具有一定的主动性，但是其面向网络环境中的传输行为展开分析的过程中，作为依据和判断准则的模型有效性成为IDS的核心问题；而对于相关模型的建设，则成为IDS系统进步的瓶颈问题。

在这样的背景之下，将防火墙与IDS系统相融合形成更具针对性的入侵防御系统（IPS）就成了当前网络安全技术的突出发展特征。IPS在IDS的基础上发展而来，但是在网络部署方面存在较大差异，IPS系统更多会以在线形式安装在被保护网络的入口上，在实现对于网络边界监控的同时，不放松面向网络环境内部的数据传输行为监测。通常而言，IPS以嵌入式方式实现，能够实时实现对于可疑数据包的阻断，并对该数据流的剩余部分进行拦截；在此基础之上具有一定的分析能力，可以依据数据包特征展开深入分析，判断攻击类型和对应的安全策略，并且实现对于自身模型的优化。与此同时，一个工作状态良好的IPS系统，还应当具备高效的处理能力，确保能够在网络边界环境上保持一定的运行效率，避免发生包括数据拥堵等在内的网络效率下降等问题。

对于局域网防火墙而言，其放置于局域网与外网的网关之上，表现为设置在网络安全区域外围的一系列组件集合，执行相关设定的安全策略，对流入局域网的数据包进行过滤，防范不安全因素流入局域网安全环境中。防火墙对于推动局域网环境安全有着积极价值，但是其本身也存在不足之处。防火墙的工作方式相对而言比较被动，虽然对于外部攻击有着良好的防范能力，但是其工作方式默认局域网内部为安全环境，因此对于局域网内部环境的数据传输行为保持默认安全状态。但是就目前的情况看，网络安全的很多隐患都来源于局域网内部，并且入侵者还可以将数据进行伪造，绕过防火墙实现对于网络环境内部的攻击。

对于单纯的入侵检测系统而言，其能够面向网络环境实现相对主动的供给检测，依据对应的安全策略实现对于攻击行为的嗅探，从而实现对于网络系统资源的保护，以及不安全数据传输行为和相关操作的排除和控制。但是入侵检测系统同样具有一定的滞后特征，一方面，有效的检测模型以及特征库需要在实际工作中不断建立和完善；另一方面，虽然入侵检测系统能够检测出攻击行为，但是如果检测速度不够快，仍然可能产生滞后状况。

在这样的情况之下，将二者结合产生的入侵防御系统，本质上是将入侵检测系统和防火墙结合而放置在网络边界上。常规而言，入侵防御系统会以在线形式加以安装，同时实现面向局域网边界以及其内部数据传输行为的入侵嗅探职能。

二、IPS系统核心技术浅析

对于IPS的发展而言，由于其本身的嵌入串联特征，决定了其自身极有可能成为网络效率环境中的瓶颈所在。网络技术的日渐发达以及从应用层面的不断成熟，都对IPS的应用提出了更高的要求，当前的问题已经不仅是如何有效检出入侵威胁，还必须得在保证效率的基础之上确保对于安全威胁检测的准确性。这几方面的工作特征，直接关系到IPS系统的效率，并且进一步影响到网络的整体工作特征。

基于这样的需求考虑，当前在IPS发展领域，有三方面的技术得到了广泛的关注，并且成为进一步影响IPS系统深入发展的核心问题。

（一）千兆处理能力

千兆处理能力本身对于IPS系统而言，意味着更为高速高效的入侵判断，更少的数据拥塞故障发生。从根本上看，就是IPS拥有的线速处理能力体现，这不仅是要求IPS系统能够实现与千兆位网络的兼容，能够实现有效接入，更加重要的问题在于，IPS系统需要在千兆位网络环境下实现良好的数据过滤功能，配合千兆位网络实现同步工作。当前的网络入侵检测以及防御系统多基于x86架构，但是从根本上看，x86架构本身并不能达到千兆处理能力，因此必然会形成对于IPS发展的瓶颈。具体而言,CPU处理能力以及I/O、系统总线、内存的速度和协议开销等方面，都会成为x86架构对于IPS系统的瓶颈。尤其是CPU的处理能力方面，由于其本身只是为了通用的功能而设计，因此在IPS系统中并不存在任何优势，常常会在实现IPS系统工作的时候导致内存和总线的访问冲突，从而造成整体性能下降的状况发生。基于此种状况，当前在IPS领域的研究工作突出体现在网络处理器NPU的研发方面，其核心价值在于面向网络数据转发功能实现优化，包括专用的指令集、高速的存储和硬件查表等方面，同时应当重点考虑NPU在流重组和高层协议的处理方面存在的不足。因此虽然应当保持IPS朝向NPU方向的发展，但是仍然不能单纯以NPU作为未来发展的唯一落脚点，而应当实现突破，找到新的解决方案。

（二）数据包处理技术以及模式匹配算法

数据包处理主要指的是从网络上接收到帧，经过协议分析、IP碎片重组、流重组等一系列处理后而形成应用层数据流的过程。在这个工作过程中，IP碎片重组和TCP流重组是IPS系统发展的瓶颈所在。通常来说，数据包处理的相关工作都在目的主机上加以实现，但是IPS系统为了实现更深一层的安全监测，必然需要关注这一方面的问题。无论是IP碎片重组还是TCP流重组，都从客观上对于存储空间和数据交换带宽提出较高要求，因此，x86体系必然无法实现有效支持。基于此种考虑，构建更为完善的硬件平台来对相关功能和任务实现良好支持，就成为IPS系统发展需要关注的重点。

进一步从模式匹配算法的角度看，其作为判断供给行为的判断标准建立与对比执行工作环节，与IPS工作的有效性直接保持密切关系，是确保IPS系统学习特征的重要基础和基本保障。对于当前大容量数据传输的网络环境而言，如何从大量的数据包环境中提取出对应的供给特征并且加以判断，在合理的情况下将对应特征纳入模式库中，是这一方面问题的发展重点。随着入侵检测的规则数增多和入侵行为的复杂化，不断优化匹配算法以及对于攻击特征的识别，是未来研究工作的重点所在。

入侵防御系统作为未来网络安全防范的重要技术之一，融合了入侵检测系统和防火墙两方面的优势，具有典型的技术先进性。随着网络发展的进一步扩展，供给工具和技术必然也在不断成熟，对应的IPS系统，也唯有保持警惕和进步，才能成为网络安全可以依赖的可靠力量。

（三）入侵防御系统的工作特征分析

就当前入侵防御系统的应用特征而言，其可以依据不同的布置方式分为两类，即基于网络的入侵防御系统（NIPS）以及基于主机的入侵防御系统（HIPS）。NIPS以串联的方式布置在网络边界上，通过检测流经的网络流量，提供对网络系统的安全保护。串联的工作方式相对而言比较安全，但是其系统本身的运算速度直接成为整个网络环境的瓶颈因素。与之对应的，包括千兆处理能力以及数据包处理技术和模式匹配算法等的改善，都成为NIPS系统前进发展的重点方向。而对于HIPS系统而言，本身作为布置在被保护系统的主机之上的防御体系，其与操作系统紧密结合，用于全面监视系统状态，防止非法的系统调用。此种系统通过在被保护系统上安装软件代理程序，实现对于网络攻击的防范。HIPS的应用对于阻断缓冲区溢出、改变登录口令、改写动态链接库以及其他试图从操作系统夺取控制权的入侵行为都表现出良好的防范特征。

HIPS和NIPS的部署目标，同样是为了实现面向未知攻击的有效防御，但是在实际工作中，二者仍然呈现出显著的差异。这种差异体现在诸多方面，从部署方式，一直到检测和保护工作的特征均有所不同。从部署方式的角度看，NIPS通常以在线方式安装在网络环境中，位置多处于防火墙和内部网络环境之间，而HIPS则以软件形式安装在被保护的主机或者服务器上，多处于应用程序和操作系统之间。从检测对象以及保护对象的角度看，NIPS系统主要面向数据包的头部信息、载荷信息，以及重组后的对象展开检测，并且对于数据流和流量进行统计，借以发现异常，而通常面向整个网络环境提供保护，网络中的主机、服务器、交换机、路由器等其他相关终端设备都在NIPS的保护范围之内。与之对应，HIPS仅对其安装位置的主机或服务器展开保护，具体而言是通过对该主机之上的系统调用、文件系统访问、注册表访问以及I/O操作进行检测，并且发现非法动作。NIPS通常通过模式匹配、已知协议异常分析以及上下文和基于流量的规则匹配实现对于已知攻击的检测，并且综合对于协议和流量的异常检测来判断未知攻击；而HIPS则更多针对安全时间流程加以匹配，以及识别病毒特征码，来实现对于已知威胁的识别；并且与NIPS类似，展开对应的统计和深度检测技术实现对于未知攻击的检测。

第四节　IPS主要功能和防护原理

传统的防御系统基于两种机制：一种是基于特征的检测机制；另外一种是基于原理的检测机制。基于特征的检测机制实现起来较为简单，对于新型攻击只要提取出特征码就能够及时防御，但是该类方法只能识别已知的攻击类型，对于变种的攻击行为无法识别。基于原理的检测机制弥补了前者无法识别变种攻击的缺点，能够精确识别出特征码不唯一的攻击行为，但该类方法技术要求较高，且应对新的攻击行为反应速度较慢。为了改善入侵防御系统（IPS），提高智能性成为下一代IPS的一个重要发展方向，国内外学者和研究机构对此展开了广泛的研究。IBM 技术研究部提出了自律思想，该思想的核心在于简化和增强终端用户的体验，在复杂、动态和不稳定的环境中利用计算机的自律计算特点来达到用户的预期要求。融合其他领域的技术也成为增加 IPS 智能性的主要手段，例如通过增加适应性抽样算法、数据包分类器和增量学习算法等来优化对 IPS 数据库的分析效率。将人工免疫技术、模糊逻辑、自组织特征映射（SOM）、神经网络、数据挖掘技术与入侵防御技术相结合，提出的防御系统模型成为当前研究的热点。把反馈控制的原理应用到网络安全态势感知系统中，能更有效地收集网络信息并进行安全态势评估。上述方法都是从提高系统检测数据智能性的角度出发，并没有涉及系统自身认知防御方面，在一定程度上并不能满足计算机网络安全的需求。

认知网络通过对周围网络环境的感知学习和重配置系统参数来适应网络环境的变化，从而达到网络服务性能最优化的目标。Soar 在认知领域展现了强大的功能，具有自我学习能力、实时的环境交互能力以及接近自然语言的语法，利用这些功能的相互配合，能够解决更多复杂的问题。为使系统具有自我防御的能力，将 Soar 具备的认知技术融合到 IPS 当中，并设计了针对端口扫描的防御系统。仿真实验验证了该系统具有较好的智能性，并且可以有效地识别非法扫描，实现系统自我防御的目的，提高了计算机的网络安全性能。

近年来，计算机技术向各行各业不断渗透，计算机网络得到了前所未有的发展。曾经被忽视的计算机网络安全问题也逐渐得到了重视。计算机网络安全旨在通过建立各种各样的防御措施来抵御对计算机网络的各种攻击，通过一系列的网络安全管理措施来保证整个网络正常运转，保障计算机网络内部数据的完整性和一致性，保护计算机网络系统的私密性。随着计算机网络系统复杂度的不断提高，系统中的硬件设备增加，连接方式也更为复杂，传输的数据量增大，数据保护的要求增高，计算机网络系统越来越需要建立完善的网络安全防御系统。通过网络安全防御系统维持网络系统的正常运转，网络服务维持正常、有序。

一、传统计算机网络防御手段和方法

目前国内外对于计算机网络的安全防御手段和方法主要有三种运营模式，分别是防火墙系统、入侵检测系统和入侵防御系统。这些安全防御技术通过不断的研究、发展和完善，已经取得了不错的效果。

（一）防火墙系统

防火墙设计简单，操作便捷，对于互联网用户来说，实用性和针对性都较好。它通过管理和控制个人电脑的信息流入流出，为每个使用防火墙的用户提供了一套透明的网络安全防御策略，用户只需要使用而不用了解其中细节，就能很好地保护好自己的计算机。防火墙一般情况下会为用户提供一些参数，用户可以根据自己的需要，控制外接不良的数据入侵和自己的私人数据流出，使计算机能够避免安全威胁。

（二）入侵检测系统 IDS

入侵检测是对防火墙极其有益的补充，入侵检测系统能使在入侵攻击对系统发生危害前，检测到入侵攻击，并利用报警与防护系统驱逐入侵攻击。在入侵攻击过程中，能减少入侵攻击所造成的损失。在被入侵攻击后，收集入侵攻击的相关信息，作为防范系统的知识，添加入知识库内，增强系统的防范能力，避免系统再次受到攻击。

（三）入侵防御系统 IPS

入侵防御系统作为比入侵检测更完善的系统，被广泛地应用到社会各界中。入侵防御技术能够对网络进行多层、深层、主动的防护以有效保证企业网络安全。入侵防御的出现可谓是企业网络安全的革命性创新。简单地理解，入侵防御等于防火墙加上入侵检测系统，但并不代表入侵防御可以替代防火墙或入侵检测。

二、基于认知网络的入侵防御系统构建

（一）当前入侵防御系统优缺点

如今，随着计算机技术的快速发展，计算机安全问题日益凸显，传统的防火墙技术和入侵检测技术不能满足现阶段的要求。入侵防御系统作为最新的网络防御手段被提出，能够弥补现阶段防火墙技术和入侵检测技术的瓶颈，从根本上杜绝来自入侵、病毒和木马对计算机网络系统安全造成的风险。采用入侵防御系统 IPS 构建计算机网络安全防御系统，具有以下优势和特点。

1. 进行更深层次的检测

入侵防御系统能够深入防火墙系统和入侵检测系统到达不了的 OSI 模型的 4 ~ 7 层进行检测。因为如今的网络协议由 TCP/IP 封装起来，封装后的应用将很难检测出新型攻击程序的代码。利用入侵防御系统深入 OSI 模型 4 ~ 7 层，将可以在网络封包层面进行检测，使得网络攻击无处可藏。

2. 串联模式更快制止网络攻击

网络攻击由 IDS 检测出来以后，由于 IDS 需要一定的时间对网络攻击进行分析，才能证明目前的网络数据包包含有网络攻击，而 IPS 系统采用串联模式，可以在检测到攻击后立即进行防御，制止网络攻击。

3. 实时检测网络系统

由于传统 IDS 检测系统只针对网络封包的历史数据进行检测，当发现了一些入侵痕迹为时已晚，不能实时处理网络入侵。而在 IPS 系统设计中，考虑到需要实时进行网络监测是否出现攻击异常，所以一般情况下，使用 IPS 的优势是能够实时检测异常，保障网络系统的安全性。

4. 主动防御能力

IPS 的主动防御能力较强，传统防火墙和 IDS 技术都需要配合防御系统共同协作才能完成相应的功能。而在 IPS 系统中，一旦检测到异常数据包即可进行丢弃，可以很快地进行防御服务，而不需要与其他系统进行联合。

由于入侵防御 IPS 系统是对 IDS 入侵检测系统和防火墙系统的综合，取长补短，但是需要大量人员维护监控，并把不在系统防御内的入侵更新入数据库。这个方法对入侵防御系统中未能识别的入侵将会很难及时做出防御。

为了解决 IPS 的不足之处，目前有大量研究人员倾向于采用智能算法自动学习入侵模式，自动动态更新入侵防御系统数据库，使其能够在不断认知学习中进行入侵防御。在系统中加入适应性抽样算法、数据包分类器、增量学习算法来增加系统在监测到不完备数据时处理数据包的智能特性。

（二）基于智能认知的入侵防御系统

认知网络通过获取周围网络环境，不断更新发生变化的网络环境，对网络环境进行认知理解，通过理解结果动态调整网络的各种配置，对网络环境的变化进行相应的决策和规划。认知网络具有较强的自学习能力，通过对网络环境变化前后进行学习，反复学习后获取认知结果。

基于认知的理论基础，让入侵防御系统有较强的自学习能力进行防御，利用不断迭代反馈学习进行更新。通过一定的学习能力，将未知的数据不断提炼出有意义的信息，进而进行入侵防御。通过自学习的能力，网络服务器主机就能主动识别出未能发现的网络入侵，不需要网络管理员的参与即可进行有效的网络防御。传统的 IPS 在处理网络行为时只是机械地将当前数据与数据库中的案例进行对比，一般会出现大量的漏报、误报情况；相反，具有学习能力的入侵防御系统的数据库是不断动态更新变化的，随着知识库的不断完善，大量的漏报、误报也会被逐渐改善。

（三）智能认知防御系统网络安全构建

通过上述的认知理论，可以构建 IPS 认知入侵防御系统，该系统由五个主要模块组合而成：状态库、知识库、决策执行模块、认知推理及传感器。

1. 传感器

采集数据，扫描端口和计算机网络系统各个关键路由口的流经数据包。

2. 状态库

存储数据，通过传感器感知当前计算机网络周围的环境状况，并将主机的状态和周围环境状态存储到状态库中。

3. 知识库

分析数据，属于系统的核心部分，通过知识库来分析状态库的信息，并进行认知推理，经过多次迭代认知学习，更新现有知识库没有的数据到知识库中，获得认知新知识的能力。

4. 认知推理

认知数据对知识库分析到的数据进行知识推理，并采用认知网络的反馈循环机制，对未知网络可以逐步分析学习知识。

5. 决策执行

是最终的执行入侵防御的模块，认知推理将认知结果推送给决策执行模块，该模块根据认知结果进行相应的入侵防御活动，保证计算机网络系统免受入侵伤害。

（四）认知入侵防御系统性能分析

入侵防御的最大特点是能够实时检测出网络入侵的位置，且立即采取措施完成入侵防御，从庞大的数据中分析出有效的信息是一个入侵防御系统最关键的地方。利用认知理论建立的入侵防御系统具有较强的优势。

采用状态库和知识库进行对比可以快速定位出目标信息源头，若不是信息库的内容，可以快速进行认知推理过程，只需要较少的判断就可以确定出认知推理过程。

知识库的认知可学习性使得知识的储备不再是有限的专家系统，而是不断迭代的最新知识库，能够动态地变化、更新，认知出性能更好的知识库。

该系统模型可以通过不断迭代反馈的过程更新数据流处理。通过感知器不断接受信息，将接收到的信息推送到状态库中进行鉴别，然后将鉴别结果不通过的数据推送至认知推理模块进行认知学习，该模块与知识库相结合后通过多次迭代后形成认知结果。认知结果再次推送至决策模块进行入侵防御决策过程，对网络入侵进行相应的防御。通过不断往复的数据流认知学习，入侵防御系统将会越来越棒。

目前计算机网络系统面临五大网络安全挑战，针对五大网络安全挑战，介绍了三种常用的计算机网络安全防御技术和手段。通过分析传统入侵防御系统，传统 IPS 入侵防御系统对未知入侵的防御力不足，提出采用认知网络的自学习能力，通过不断的迭代自学习过程，让基于认知网络的入侵防御系统能够不断更新数据库，以应对不同层面的网络安全挑战。

三、基于 Soar 认知功能的入侵防御系统

（一）入侵防御系统的设计

以 Soar 架构为基础，结合认知网络安全代理（VMSoar）的解释功能，设计了基于 Soar 认知功能的入侵防御系统。

该系统按照"匹配—分析—预处理"的流程来执行任务推理。问题的初始状态产生后传递给 VMSoar 进行解释，VMSoar 根据得到的信息捕获实时的网络数据流。然后，在虚拟系统环境中运行相应的命令来执行假设的结果。最后，根据结果求解初始状态。一旦结果匹配就传递给预处理模块，该模块把最终执行的命令传递给系统。系统从接受输入到得到输出结果这样一次完整的命令后，就完成了一次循环，接着继续从入口收集信息反馈给认知系统，进行再一次的循环，如此多次循环直到所有问题都被解决或达到用户的预期目标为止。

问题空间用来控制对操作符的选择，也是 Soar 进行学习的一个主要部分。每当 Soar 在某一个时刻面临了多个操作符选择且没有更多的参数来决策如何选择的时候，就会把这类问题转入到问题空间中进行求解。在问题空间中，首先会创建一个初始状态，该状态用来描述所出现问题的原因，然后转入对整个知识库的搜索来求解初始状态。解释初始状态的时候，可能会产生附属的新问题，此时问题空间继续记录新出现的问题，并产生一个新的子状态。接着转入对子状态的求解，当某个操作符被选取并被执行之后，随之相应的子状态也会被解决，直到初始状态被求解为止，然后退出问题空间，返回一个新的操作符。处理该类问题的整个执行过程会被问题空间总结成一个新的操作符，之后再遇到此类问题时就直接触发新产生的操作符，而不需要重复执行之前的操作，到此 Soar 完成了一个学习过程。在本系统中，问题空间中的操作符描述了网络环境参数以及数据包的特征等。

Soar 的智能性体现在可以依靠系统内部循环与外部环境的交互来捕获输入的行为特征。要使 Soar 识别某类行为的特征，首先要让 Soar 对该类行为的基本特征进行学习，因此，需要外界将该类行为基本特征进行定义并加入 Soar 中。后期随着 Soar 的执行，外加人为的控制，就可以让 Soar 学习到更多的行为特征。利用 VMSoar 具备的解释功能把定义的特征行为转换为 Soar 内部识别的语法，通过对外界数据的捕获，使得 Soar 捕获到定义的行为特征。利用 Soar 具备的认知能力，使得 Soar 识别更多此类型行为的特征，进而可以识别未知扫描行为。

（二）数据包特征分析

数据包特征分析主要从三方面进行。首先，进行标志位检测。传输控制协议包(TCP)中有 6 个比特位来表示每个包的特征，包括 URG/ACK/PSH/RST/SYN/FIN。利用 Tcpdump 工具分析进出系统的数据包，Soar 对收到数据包的标志位进行分类，分类的标准包括三大类组合：SYN_in 和 SYN_out；SYN_ACK_in 和 SYN_ACK_out；FIN_in 和 FIN_out。其次，分析端口的开放或者关闭，以及操作系统为提供指定服务而开放的端口列表。最后，进行状态包数据流量的比率分析，利用收集的数据包特征，进行状态模型分析和前期对比分析。

依据 Tcpdump 收集的不同类型数据包进行分类处理，对发送和接收过程中的 TCP 包进行统计分析，得到进出数据包的状态模型。下面是对状态模型计算方法和参量的定义。

系统收到外来 IP 包的状态分为三类：状态 1 为安全，状态 2 为可疑，状态 3 为危险。安全表示合法的连接请求，危险表示已经被确认为扫描数据包，可疑表示暂时无法确定是否为危险。操作系统收到的每个源地址都会被定义成唯一的状态。源地址的状态类型随着系统的运行及外部网络的变化，会发生状态的变换。

根据三类扫描的特征做如下定义：Nclosed 表示连接到关闭端口的数据包数量；Nfin 表示终止连接的数据包数量；Nhalf 表示不再完成后续连接的数据包数量。

对特定源数据包特征的前期状态和当前已知状态进行对比，判断该源地址发来的数据包是否出现了异常。该方法针对被定义为可疑状态的数据包更为有效，通过前后对比，对非人为因素造成的数据包调包或客户端发送错误等导致的接收端异常状况，可以很快识别出该源地址是否合法。对前后两个时间段内来往的数据流信息进行比对，若收到数据包数量异常或者数据流量比率异常，则可以判断源地址被入侵。对特定源数据包的状态记录，可以更为准确地判断目标的特征。

第五节　IPS工作模式和主要应用场景

近年来，随着互联网的不断发展，科技不断创新，电力信息系统与外界的交流也不断在加强，电力系统已经形成了自己生产过程的自动化与管理，在实际的生产与管理中发挥着重要作用。网络的开放性也导致了电力信息网络被非法入侵的现象越来越多，电力信息网络安全要求也是越来越高，单纯的防火墙已经满足不了现在网络的要求了，但是入侵防御系统属于一种比较新型的网络安全技术，它在很大的程度上补充了防火墙的某些缺陷，更加有效地确保了电力信息网络系统的安全性。

入侵防御系统在整合防火墙技术以及入侵检测技术的基础上，采取 In-line 工作模式，所有接收到的数据包都要经过入侵防御系统检查之后才能决定是否放行，或者是执行缓存、抛弃策略，在发生攻击的时候能够及时发出警报，并且将网络攻击事件以及所采取的措施和结果进行记录。入侵防御系统主要是由嗅探器、检测分析组件、策略执行组件、状态开关、日志系统以及控制台等六部分组成。

入侵防御系统对于初学者来说，是位于网络设备和防火墙之间的安全系统，如果入侵防御系统发现攻击现象，那么就会在攻击涉及网络的其他地方之前就阻止了这一攻击通信，而入侵检测系统只是存在于网络之外，起到一个预警的作用，根本起不到防御的作用。就目前的网络系统而言，有很多入侵防御系统，但是它们使用的技术也是各种各样的。不过，从总体上来看，入侵防御系统主要是依靠对数据包的相关检查，一旦完成对数据包的检查，就会判断数据包的实际作用，最后才会决定是否让数据包进入网络系统里。全球和本地安全策略、所合并的全球和本地主机访问控制、入侵检测系统、支持全球访问并用于管理入侵防御系统的控制台以及风险管理软件是入侵防御系统中关键的技术成分。在一般的情况下，入侵防御系统使用的是更加先进的侵入检测技术，例如内容检查、试探式扫描、行为以及状态分析，同时还需要结合一些常规的侵入检测技术，例如异常检测、基于签名的检测。

入侵防御系统一般分为基于网络和基于主机两种类型。基于网络的入侵防御系统综合了标准的入侵检测系统的功能，入侵检测系统是入侵防御系统以及防火墙的混合体，又可以被称为网关入侵检测系统或者是嵌入式入侵检测系统；基于网络的入侵防御系统设备只可以阻止通过这个设备的恶意信息，而对通过其他设备的恶意信息没办法阻止，因此为了提高入侵防御系统设备的使用效率，强制性要求信息流通过这一设备是非常有必要的。对于基于主机的入侵防御系统，主要依靠直接安装在被保护的系统中的代理。它与服务以及操作系统内核紧密地联系在一起，监视并且截取对内核或者 API 的系统调用，以达到阻止并记录恶意信息攻击的作用。此外，入侵防御系统还可以监视数据流和一些特定应用的环境，以达到可以保护这一应用程序的作用，让这一应用程序可以顺利地避免那些恶意信息流的攻击。

一、入侵防御系统的分类及关键技术研究

（一）网络 IPS 系统

1. 网络 IPS 系统概述

网络 IPS 系统也称为内嵌式 IDS（in-lineIDS）或者是 IDS 网关（GIDS），它和防火墙一样串联在数据通道上，只有一个进口和一个出口。NIPS 通过检测流经的网络流量，提供对网络系统的安全保护。由于它采用在线连接方式，所以一旦辨识出入侵行为，NIPS

就可以去除整个网络会话，而不仅是复位会话。同样由于实时在线，NIPS 需要具备很高的性能，以免成为网络的瓶颈，因此，NIPS 通常被设计成类似于交换机的网络设备，提供线速吞吐速率以及多个网络端口。NIPS 必须基于特定的硬件平台，才能实现千兆级网络流量的深度数据包检测和阻断功能。这种特定的硬件平台通常可以分为三类：一类是网络处理器（网络芯片），一类是专用的 FPGA 编程芯片，第三类是专用的 ASIC 芯片。

在技术上，NIPS 吸取了目前 NIDS 所有的成熟技术，包括特征匹配、协议分析和异常检测。特征匹配是最广泛应用的技术，具有准确率高、速度快的特点。基于状态的特征匹配不但能检测攻击行为的特征，还能检查当前网络的会话状态，避免受到欺骗攻击。

2.NIPS 实现的关键技术研究

由于 NIPS 是在线串联在网络中的，所以其就有可能成为网络中的瓶颈。在 NSSGorup 提到的 NIPS 应具有的特点时，也提到了性能这个问题。随着计算机技术和网络技术的发展，千兆的网络已经开始被广泛采用，尤其是以太网。因此，千兆网络入侵防御系统要求不仅要在千兆网络流量的网络中工作时不会成为网络瓶颈，而且要对网络中的入侵能够准确地检测、报告、阻止，完成防御的功能。在整个系统实现过程中有很多关键技术，如千兆网络流量的线速处理能力，高效的数据包处理技术和高效高性能的匹配算法等。这些关键技术实现的好坏直接影响整个千兆网络入侵防御系统的性能。

（二）主机 IPS 系统

1. 主机 IPS 系统概述

主机 IPS 系统安装在受保护系统上，紧密地与操作系统结合，监视系统状态防止非法的系统调用。HIPS 通过在主机 / 服务器上安装软件代理程序，防止网络攻击操作系统以及应用程序。基于主机的入侵防护能够保护服务器的安全弱点不被不法分子所利用。基于主机的入侵防护技术可以根据自定义的安全策略以及分析学习机制来阻断对服务器、主机发起的恶意入侵。HIPS 可以阻断缓冲区溢出、改变登录口令、改写动态链接库以及其他试图从操作系统夺取控制权的入侵行为，整体提升主机的安全水平。

在技术上，HIPS 采用独特的服务器保护途径，利用由包过滤、状态包检测和实时入侵检测组成分层防护体系。这种体系能够在提供合理吞吐率的前提下，最大限度地保护服务器的敏感内容，既可以软件形式嵌入到应用程序对操作系统的调用当中，通过拦截针对操作系统的可疑调用，提供对主机的安全防护；也可以更改操作系统内核程序的方式，提供比操作系统更加严谨的安全控制机制。

由于 HIPS 工作在受保护的主机 / 服务器上，它不但能够利用特征和行为规则检测，阻止诸如缓冲区溢出之类的已知攻击，还能够防范未知攻击，防止针对 Web 页面、应用和资源的未授权的任何非法访问。HIPS 与具体的主机 / 服务器操作系统平台紧密相关，不同的平台需要不同的软件代理程序。

2.HIPS 实现的关键技术研究

主机网络安全是计算机安全领域新兴的边缘技术，它综合考虑网络特性和操作系统特性，对网络环境下的主机进行更为完善的保护。主机网络安全体系涉及诸多关键技术，这里仅对它们做简单的介绍。

（1）入侵检测技术

入侵检测是主机网络安全的一个重要组成部分。它可以实现复杂的信息系统安全管理，从目标信息系统和网络资源中采集信息，分析来自网络外部和内部的入侵信号，实时地对攻击做出反应。入侵检测的目标是通过检查操作系统的审计数据或网络数据包信息，检测系统中违背安全策略或危机系统安全的行为或活动，从而保护信息系统的资源不受拒绝服务攻击，防止系统数据的泄露、篡改和破坏。一般来说，入侵检测系统不是阻止入侵事件的发生，而是在于发现入侵者和入侵行为，及时进行网络安全应急响应，为安全策略制定提供重要的信息。

（2）身份认证技术

身份认证是实现网络安全的重要机制之一。在安全的网络通信中，涉及的通信各方必须通过某种形式的身份验证机制来证明他们的身份，验证用户的身份与所宣称的是否一致，然后才能实现对于不同用户的访问控制和记录。目前，常用的身份认证机制有基于 DCE/Kebreros、基于公共密钥和基于质询 / 应答等。

（3）加密传输技术

加密传输技术是一种十分有效的网络安全技术，它能够防止重要信息在网络上被拦截和窃取。IPsec（IP 安全体系结构）技术在 IP 层实现加密和认证，实现了数据传输的完整性和机密性，可为 IP 及其上层协议（TCP 和 UDP 等）提供安全保护。

（4）访问控制技术

访问控制是信息安全保障机制的核心内容，它是实现数据保密性和完整性机制的主要手段。访问控制是为了限制访问主体（或称为发起者，是一个主动的实体。如用户、进程和服务等）对访问客体（需要保护的资源）的访问权限，从而使计算机系统在合法范围内使用。访问控制机制决定用户及代表一定用户利益的程序能做什么以及做到什么程度，访问控制包括两个重要的过程：通过"鉴别"来检验主体的合法身份；通过"授权"来限制用户对资源的访问级别，访问控制技术通过控制与检查进出关键主机、服务器中的访问，来保护主机、服务器中的关键数据。访问控制主要有三种类型：系统访问控制、网络访问控制和主机访问控制。

二、电力信息网络安全风险分析

目前，电力信息网络安全所面临的威胁主要来源于两方面，第一个是对信息的威胁，第二个是设备的威胁。对于电力网络系统来说，信息网络的安全并不只是单方面的安全，而是整个电力企业信息网络的整体性安全，其中还包含管理和技术两方面。所以说，网络安全是一个动态的过程，并且影响电力信息网络安全的因素也有很多方面，一些是有意识的，一些是无意识的，可能是外部原因也有可能是内部原因，信息网络系统的物理结构、网络设备、应用与管理等方面的安全措施如果实施得不到位也会在很大的程度上威胁到电力信息网络的整体安全。

由于互联网的不断发展，网络联系越来越频繁，通过网络传播的病毒也越来越多，这些病毒的存在是影响电力信息网络安全的主要隐患，这些隐患还可以区分为外在隐患和内在隐患，非授权修改控制系统配置、指令、程序，利用授权身份执行非授权操作、网络入侵者发送非法控制命令，导致电力系统事故，甚至是系统崩溃、非授权使用电力监控系统的计算机或是网络资源等，这些都属于外在影响因素。而窃取者将自己的计算机通过内网网络交换设备或者是直接连接网线非法接入内网这一行为属于内在的安全隐患，窃取内网数据信息；内部员工不遵守相关规定，通过各种方式将重要的私密信息泄露到单位外，这两方面的威胁属于网络系统内部存在的安全风险。网络系统的设备以及系统的不完善都会给电力网络带来很大的安全隐患，计算机机房没有防电、防火、防震等相应措施、抵御自然灾难的能力比较差，数据丢失，这将都会影响到网络信息的安全性、完整性以及可用性。

三、入侵防御系统在电力信息网络中的应用以及实际意义

传统的电力信息安全体系仅仅是对信息系统加以一定的、简单的安全防御措施，但是随着网络结构的改变、操作系统的不断升级，电力信息系统的各部分都需要加以强化以保证信息的安全，入侵防御系统也需要根据安全隐患的不断变化而及时调整，以达到网络信息安全部门的要求。

入侵防御系统在一定程度上保证了电力信息网络系统的信息安全。在网络系统中，通过入侵检测系统查看、分析发生事故的原因，明确事故的责任人，然后由入侵防御系统进行处理解决，增强安全管理的威慑力，防止不法分子铤而走险，加强安全风险的可控性。

入侵防御系统的应用有利于完善电力企业的可视化安全管理。入侵防御系统以其特有的性能增强了系统管理员的安全管理能力，提高了信息安全基础结构的完整性。此外，可视化还体现在安全信息的易理解性以及安全的可管理性。易理解性主要表现在网络信息的人文化、信息挖掘以及安全信息的图表化等三方面，可管理性则是表达了对安全易于管理的程度，通过各种各样的管理手段方便用户对安全信息的掌握以及控制。

电力信息网络安全是一个系统的、整体的、全局的管理问题，网络上任何一个漏洞都将会导致整个网络面临安全隐患，对于日益频繁的网络入侵，升级并加强入侵防御系统的应用是具有非常重要的实践意义的。

四、物联网技术在周界防入侵防御系统中的应用

随着互联网技术的不断深入发展，以互联网为基础扩展和延伸形成了新一代的网络技术即物联网。物联网是 21 世纪人类面临的又一个发展机遇，被称为改变人类生活的技术之首，物联网的广泛应用将是继计算机、互联网与移动互联网之后的又一次信息革命。

所谓物联网又称传感网，物联网是指通过信息传感设备，按照约定的协议，把任何物品与互联网连接起来，进行信息交换和通信，以实现智能化识别、定位、跟踪、监控和管理的一种网络。它是在互联网基础上延伸和扩展的网络，在这个网络中物品间能够进行"交流"，无须人工干预。

物联网能广泛应用于社会生活的各个领域，遍及智能交通、环境保护、政府工作、公共安全、平安家居、智能消防、工业监测、老人护理、个人健康等多个领域。其中，在公共安全领域的应用尤为引人注目。ITU（国际电信联盟）曾描绘物联网时代的图景：当司机出现操作失误时汽车会自动报警；公文包会提醒主人忘带了什么东西；衣服会"告诉"洗衣机对颜色和水温的要求等。还有诸如远程抄表、物流运输、移动 POS 机（移动的销售点）应用，如果再结合云计算，物联网将有更多元的应用。

（一）物联网安防技术与传统安防技术的比较

安防行业信息化的发展经历了视频监控、信号驱动以及目标驱动三个阶段。其中，单一的视频监控已经不能满足人们对安全防护的需求；信号驱动包括振动光纤、张力围栏、激光对射、泄漏电缆等。信号驱动类防入侵产品使用单一的信号量开关来检测入侵行为，误警率较高，且无法实现对入侵行为的精确定位。目标驱动，就是在安装驱动时需要找到的正确驱动。

基于物联网的周界入侵防御系统，综合应用多种传感器阵列采集丰富信号量，对监控区域进行全方位保障，在周边区域形成三维防护预警，对周界入侵收集信号进行精确监测，同时对入侵者进行实时定位跟踪，从而实现入侵报警、异常监测及联网调度，提高联网报警的准确性。多种传感技术综合使用组成一个完备的防御系统，实现从多传感器的全方位监控，到多数据的融合和综合判断，从单纯的事件报警到后续的事件快速响应处置，从局部小范围的安保工作到在全市范围内通过物联网络和应用平台集中调度和协调。系统与物联网 GIS（地理信息系统）平台、视频监控平台、社会信息交换平台等结合紧密，有利于数据信息的实时共享，提高了对犯罪事件的掌控能力，切实提升警务效能，解放警力，降低一线公安民警的工作强度，提高对突发事件的快速响应，体现了公安物联网"多元感知、智能研判、联动处置"的特点。

（二）物联网技术在周界防入侵防御系统的应用

结合物联网技术，新一代的周界防入侵防御系统紧跟当前物联网发展的形势，把防

御系统周界重要场所的综合防护作为整个物联网的一个子集，建立周界综合防范局域物联网。

对于物联网时代的周界安防就是采用网络传输、智能图像分析、传感器、RFID（无线射频识别）等多种信息技术，有效地将对讲机、移动电话、网络摄像头、灯光警报器、光纤周界等各种传感手段一个个和局域物联网连接起来，建设能够实时监控管理的周界防入侵防御系统，同时还能实现与公安信息平台的对接。

利用物联网技术进行协同感知的周界防入侵防御系统，主要由三大部分组成：前端入侵探测模块、数据传输模块和数据控制模块。当入侵行为发生时，前端入侵探测模块对所采集的信号进行特征提取和目标特性分析，将分析结果通过数据传输模块传输至中央控制系统；数据控制模块通过信息融合进行目标行为识别，并启动相应报警策略，实现全天候的实时主动防控。

通过振动传感器进行目标分类探测，并结合多种传感器组成协同感知的网络，综合应用光纤周界预警、红外激光周界报警、智能视频分析等技术，实现多传感器联动入侵报警、异常事件监测与调度、数据大平台实时共享，提高周界安全防护完备性和报警处置的响应速度，提升警务效能，实现全新的多点融合和协同感知，可对入侵目标和入侵行为进行有效分类和高精度区域定位。该系统的主要特点有：①多种传感手段协同感知，目标识别、多点融合和协同感知，实现无漏警、低虚警；②拥有自适应机制，抑制环境干扰，可适用于各种恶劣天气；③设备状态实时监控，实现设备维护与故障自动检测；④可灵活适应不同地形地貌的防范要求；⑤具有声光联动、视频联动的功能，可对现场实行喊话、照明，可进行视频回放等操作；⑥快速响应，报警响应时间≤3秒；⑦软件系统平台操作简单直观，集成布防、撤防、报警、设备故障自检、GIS地图精确报警定位等功能。

五、入侵防御系统在应急平台网络中的解决方案

（一）常见的 IPS 部署

IPS 是网关型设备，要发挥其最大的作用，最好串接在网络的出口处，比较简单的部署方案是串接在网关出口的防火墙和路由器之间，监控和保护网络。串接式工作保证所有网络数据都经过 IPS 设备，IPS 检测数据流中的恶意代码，核对策略，在未转发到服务器之前，将信息包或数据流阻截。IPS 部署在内部网络交换机的通路上，检测所有流向内部网络的数据流量，通过检查的数据包可以继续前进，包含恶意内容的数据包就会被丢弃，被怀疑的数据包需要接受进一步的检查，对于任何攻击，都将进行实时阻断。

（二）基于策略的应急平台网络安全防御

应急平台网络是连通国家、省、市三级政府的综合应用平台网络，应急平台网络安

全解决方案，不仅需要有高可靠、高性能、功能灵活丰富的设备作为支撑，而且需要有层次的、易于使用的管理系统来降低网络的总投资成本。在层级的管理系统中，层与层之间的策略传递、事件上报、整体关联分析使得整个网络的安全防护与管理变成一个立体的结构。

其具体的部署如下：

第一，应急平台网络的互联网出口处部署 IPS，利用不同的规则，既对外部网络的访问进行防护，又可以对内部流量进行监控，保证了来自互联网发起的攻击不会影响应急平台骨干业务网络。

第二，通过远程连接的移动应急平台与应急平台业务网络之间部署 IPS 进行保护，以保证发生在移动应急网络的安全攻击不会涉及骨干网络。

第三，重要的应急平台服务器组前端部署冗余的 IPS，采用精简和加强的安全策略，保证服务器业务的安全性和可靠性。

第四，整体采用统一的安全管理中心进行管理，降低管理难度和成本。

（三）运行情况

NIPS 在应急平台网络中进行了为期一个月的测试，系统运行中未出现不稳定现象，给整个网络的安全性提供了有力的保障。

为了能够对来自互联网的攻击进行实时阻断，将 NIPS 以在线方式部署在应急平台的互联网出口处，监测应急平台内部和互联网之间的数据流。运行期间，NIPS 共产生阻断类攻击 215 条，阻断了大多数利用 HTTP 协议的攻击行为，同时利用 IPS 的 P2P 限流功能，限制了迅雷等 P2P 应用，减轻了防火墙的压力。

为了对应急平台重要的数据进行保护，在服务器组的前端部署了冗余的 NIPS。运行期间，NIPS 共产生阻断类攻击 12 条，同时由于 NIPS 的线速转发功能，未对应急业务造成任何不利影响。在线运行期间由于该地区未发生重大突发公共事件，移动应急平台没有使用。

第五章　局域网安全

第一节　局域网安全风险与特征

作为 Internet 的重要组成节点，局域网的技术发展非常迅速，在各行各业的经营和管理中发挥着无可替代的作用，已经成为现代机构中承载非物质资源的重要基础设施。局域网的安全问题不仅损害局域网及机构本身利益，也不可避免地对 Internet 产生了影响。

局域网就是局部地域范围内的网络。局域网在计算机数量配置上没有太多的限制，少的可以只有几台，多的可达成千上万台。一般来说，局域网中工作站的数量在几十到上千台，所涉及的地理范围可以是几十米至几千米。局域网一般位于一个建筑物或一个单位内，由一个机构统一管理。

局域网的安全性主要包括三方面：局域网本身的安全性，如以太网协议固有的问题，TCP/IP 协议存在的缺陷；局域网建设不规范带来的安全隐患，来自局域网内部的人为破坏，以及局域网所用的媒体和设备所存在的问题；当局域网和 Internet 连接时，受到来自外界恶意的攻击，局域网对不安全站点的访问控制等。

一、局域网安全风险

任何网络的安全风险都不是单一的，而是立体的，关乎各个系统，甚至整个信息网。了解安全风险来自何处，才能更好地防御来自各个层面的诸多风险。

（一）物理层安全风险

物理层安全风险主要是指物理层的媒体受到破坏，从而造成网络系统的阻断。通常包括诸如设备链路老化、设备被盗或有意无意被毁坏、因电磁辐射造成的信息泄露及各种突发的自然灾害等情况。

（二）网络层安全风险

网络层安全风险主要是由于数据传输、网络边界和网络设备等引发的安全风险，主要包括以下几种。

1. 数据传输安全风险

数据在传输过程中，经常会出现窃听、恶意篡改或破坏等现象，而对于高校局域网而言，出现最多的是私接网络和假冒 MAC、IP 地址以取得上网服务。

2. 网络边界风险分析

高校局域网由于应用功能，对 Internet 开放了 WWW、E-mail 等服务，如果局域网在网络边界没有强有力的控制，在受到非法访问或黑客恶意攻击时，服务器就会受到极大的破坏。

3. 网络设备风险分析

庞大的校园局域网运行需要大量设备，这些设备本身的安全也需要考虑，若是其中一些设备配置不当或者配置信息被改动，将会引起信息泄露，甚至会造成整个网络全面瘫痪。

（三）应用层安全风险

应用层安全风险主要来自局域网所使用的操作系统和应用系统。局域网操作系统一般使用 Windows 系列和类 Unix 系列，这些系统开发商必然留有"后门"，如不进行相应的安全配置，将会后患无穷。而且随着计算机技术的发展，这些系统本身就会出现漏洞，网络管理人员大都不会经常进行安全漏洞修补。另外，一些用户的不当行为习惯，都极容易使服务器感染病毒或者遭受黑客攻击。

（四）管理层安全风险

局域网的安全风险也可能来自责权不明，如管理意识的欠缺、管理机构的不健全、管理制度的不完善和管理技术的不先进等因素。

二、局域网安全特性

目前，局域网一般基于 TCP/IP 协议结构建设，TCP/IP 的四层结构很简单，实现起来比较容易，实用性很强，这是它成功的关键，但是也正是这个原因带来了许多安全上的隐患。一般局域网是基于 TCP/IP 协议的，由于 TCP/IP 协议本身的不安全性，导致局域网存在如下安全方面的缺陷。

（一）数据容易被窃听和截取

局域网中采用广播方式。当局域网的一台主机发布消息时，在此局域网中任何一台机器都会收到这条消息，收到后检查其目的地址来决定是否接收该消息，不接收的话就自动丢弃，不向上层传递。但是当以太网卡的接收模式是混合型（Promiscuous）的时候，网卡就会接收所有消息，并把消息向上传递。因此，在某个广播域中可以侦听到所有的信息包，攻击者就可以对信息包进行分析，这样本广播域的信息传递都会暴露在攻击者面前，数据信息也就很容易被在线窃听、篡改和伪造。

（二）IP 地址欺骗

IP 地址欺骗（IP Spoofing）其实就是伪装他人的 IP 地址以达到攻击其他人的目的。局域网中的每一台主机都有一个 IP 地址作为其唯一标识，但是主机的 IP 地址是不定的，因此攻击者可以直接修改主机的 IP 地址来冒充某个可信节点的 IP 地址进行攻击。

（三）缺乏足够的安全策略

局域网上的许多配置扩大了访问权限，忽视了被攻击者滥用的可能性，使得攻击者从中获得有用信息进行恶意攻击。

（四）局域网配置的复杂性

局域网配置较为复杂，容易发生错误，从而被攻击者利用。局域网的安全可以通过建立合理的网络拓扑和合理配置网络设备而得到加强。例如，通过网桥和路由器将局域网划分成多个子网；通过交换机设置虚拟局域网，使得处于同一虚拟局域网内的主机才会处于同一广播域，这样就减少了数据被其他主机监听的可能性。

第二节　局域网安全措施与管理

一、局域网常用安全技术

局域网的安全技术和广域网基本相似，但由于局域网的拓扑结构、应用环境和应用对象有所不同，受到的威胁和攻击略有不同，因此，实现局域网的安全方法略有差别。

（一）安全技术概述

以 IATF（信息保障技术框架）为代表的标准规范勾画出了更全面更广泛的安全技术框架，现在的局域网络安全技术是结合了防护、检测、响应和恢复这几个关键环节的动态发展的完整体系。归纳起来，局域网安全技术主要包括以下方面。

1.物理安全技术

环境安全、设备安全、媒体安全。

2. 系统安全技术

操作系统及数据库系统的安全性。

3. 网络安全技术

网络隔离、访问控制、VPN、入侵检测、扫描评估。

4. 应用安全技术

E-mail 安全、Web 访问安全、内容过滤、应用系统安全。

5. 数据加密技术

硬件和软件加密，实现身份认证和数据信息的 CIA 特性。

6. 认证授权技术

口令认证、SSO 认证（如 Kerberos）、证书及其认证等。

7. 访问控制技术

防火墙、访问控制列表等。

8. 审计跟踪技术

入侵检测、日志审计、辨析取证。

9. 防病毒技术

单机防病毒技术逐渐发展成整体防病毒体系。

10. 灾难恢复和备份技术

业务连续性技术，前提就是对数据的备份。

（二）访问控制技术

局域网的信息安全问题主要涉及用户对服务器的访问控制。访问控制是局域网安全防范和保护的主要策略，它的主要任务是保证网络资源不被非法使用和访问。它是保证网络安全非常重要的核心策略之一。访问控制涉及的技术也比较广，包括入网访问控制、网络权限控制、目录级控制以及属性控制等多种手段。

1. 入网访问控制为网络访问提供了第一层访问控制

它控制哪些用户能够登录到服务器并获取网络资源，控制准许用户入网的时间和准许用户在哪台工作站入网。用户的入网访问控制可分为三个步骤：用户名的识别与验证、用户口令的识别与验证、用户账号的默认限制检查。三道关卡中只要任何一关未过，该用户便不能进入该网络。网络应对所有用户的访问进行审计。如果多次输入口令不正确，则认为是非法用户的入侵，应给出报警信息。

2. 网络的权限控制是针对网络非法操作所提出的一种安全保护措施

用户和用户组被赋予一定的权限，控制用户和用户组可以访问哪些目录、文件和设备，可以指定用户对这些文件、目录、设备能够执行哪些操作。受托者指派和继承权限屏蔽（IRM）是两种常用的实现方式。受托者指派控制用户和用户组如何使用网络服务器的目录、文件和设备。继承权限屏蔽相当于一个过滤器，可以限制子目录从父目录那里继承哪些权限。可以根据访问权限将用户分为以下几类：特殊用户（即系统管理员）；一般用户，系统管理员根据他们实际需要为其分配操作权限；审计用户，负责网络的安全控制与资源使用情况的审计。

3. 网络应允许控制用户对目录、文件、设备的访问

用户在目录一级指定的权限对所有文件和子目录有效，用户还可进一步指定对目录下的子目录和文件的权限。对目录和文件的访问权限一般有八种：系统管理员权限、读权限、写权限、创建权限、删除权限、修改权限、文件查找权限、访问控制权限。网络管理员应当为用户指定适当的访问权限，这些访问权限控制着用户对服务器的访问，从而加强了网络和服务器的安全性。

（三）计算机病毒的预防和消除

在局域网中，计算机直接面向用户，而且其操作系统也比较简单，与广域网相比，更容易被病毒感染。大量的报告表明，目前计算机病毒大都是在 PC 上进行传播的。因此，对计算机病毒的预防和消除是非常重要的，解决的办法应该是制定相应的管理和预防措施，安装正版防病毒软件，提供及时升级支持；对使用的软件和闪存盘进行严格检查，并禁止在网上传输可执行文件。

二、局域网安全措施

针对当前局域网的实际情况，需要在各方面加强安全技术的应用，使用相关技术来防护网络和信息安全。对于典型较大规模的局域网，可采取措施如下。

第一，规划网络，针对重要基础服务器、网关设备、特殊和普通用户等划分、设置不同的网段，并进行安全策略的配置，严格控制其访问权限。

第二，定期使用漏洞扫描工具对重要网段进行扫描，并生成扫描报告，用于安全提醒，这个扫描可作为整体信息安全评估的一项重要参考。

第三，通过建立WSUS（Windows Service Update Service），提供内部Windows服务器、PC及微软产品的快速升级服务，及时堵塞漏洞，防患于未然。

第四，针对无线、有线上网设立有效的安全认证机制，建立切实有效的网络接入认证服务。

第五，采用网络行为管理机制，采集流量信息进行分析，提取有用信息和数据，了解和控制不良信息和网络行为。

第六，建立安全门户网站，用于安全信息的发布和宣传。

第七，建立完整的灾难恢复和备份体系，从内容、配置、日志等全方面考虑。

第八，建立入侵检测系统和预警机制。

第九，设置专用的 VPN 设备，专门用于网关、内部服务器的管理等，关闭普通的远程管理端口，统一要求 VPN 认证后才能管理。

第十，在边界和重要区域部署防火墙系统，以一定的规模或重要性实现安全隔离，防止一个区域的安全问题传播到其他区域。

通过实施以上措施，局域网就基本形成一套有效的、可检测预防、可快速响应、可后续恢复、可追溯的安全防护综合平台。

三、局域网安全管理

解决局域网的安全问题不能只局限于技术，更重要的还在于管理。安全技术只是信息安全控制的手段，要让安全技术发挥应有的作用，必然要有适当的管理程序的支持，否则，安全技术只能趋于僵化和失败。只有将有效的安全管理自始至终贯彻落实于安全建设的方方面面，网络和信息安全的长期性和稳定性才能有所保证。

现实世界里大多数安全事件的发生和安全隐患的存在，与其说是技术上的原因，不如说是管理不善造成的，理解并重视管理对于信息安全的关键作用，对于真正实现信息安全目标来说尤其重要。人们常说，信息安全是"三分技术、七分管理"，可见管理对于信息安全的重要性。

信息安全管理作为组织完整的管理体系中一个重要的环节，构成了信息安全具有能动性的部分，是指导和控制组织的关于信息安全风险的相互协调的活动。

为了实现网络安全、可靠地运行，必须要有网络管理。因此，需要建立网络管理中心。它的主要任务是针对网络资源、网络性能和网络运行进行管理。安全管理要解决组织、制度和人员这三方面的问题，具体来说就是：建设信息安全管理的组织机构并明确责任，建立健全的安全管理制度体系，加强人员的安全意识并进行安全培训和教育。只有这样，信息安全管理才能实现包括安全规划、风险管理、应急计划、意识培训、安全评估、安全认证等多方面的内容。

对网络进行监视也是网络安全管理的一个重要方面。在网内必须有一种能够监视系统的工具，它主要监视系统的运行，记录成功和非成功及其连接用户的用户名、IP 地址和现行状态等；记录网上出现的错误，对非法用户的访问进行警告。同时，网络管理中心要对记录的信息进行分析，评估系统的安全性和解决网络中出现的问题。

第三节　网络监听与协议分析

采用有效的手段检测和分析当前的网络流量，及时发现干扰网络运行、消耗网络带宽的用户十分必要。这种技术就是"网络监听"要解决的管理任务。为了完成任务就有必要了解网络监听的基本原理，熟悉网络通信协议，特别是 TCP/IP 协议数据包结构，理解其中关键字段或标识的含义，同时还要熟悉网络监听工具 Wireshark 使用方法和基本技巧，从而学会捕获并分析网络数据。

一、协议分析软件

（一）概述

分析网络中传输数据包的最佳方式很大程度上取决于身边拥有什么设备。在网络技术发展的早期使用的是 Hub（集线器），只须将计算机网线连到一台集线器上即可。

协议分析仪（Protocol Analyser）就是能够捕获并分析网络报文的设备，基本功能是捕捉分析网络的流量，以便找出所关心的网络中潜在的问题。例如，假设网络的某一段运行得不是很好，报文的发送比较慢，而又不知道问题出在什么地方，此时就可以用协议分析仪来做出精确的问题判断。

以太网协议是在同一链路向所有主机发送数据包信息。数据包头包含目标主机的正确地址，一般情况下只有具有该地址的主机会接收这个数据包。如果一台主机能够接收所有数据包，而不理会数据包头内容，这种方式通常称为"混杂"模式(Promiscuous Mode)或"P模式"。这是协议分析仪捕捉数据的基础，它的产生是由共享网络的方式而来的。

（二）工作原理

协议分析仪的工作从原理上要分为两部分：数据采集、数据捕捉和协议分析。

以太网的通信是基于广播方式的，这意味着在同一个网段的所有网络接口都可以访问到物理媒体上传输的数据，而每一个网络接口都有一个唯一的硬件地址，即 MAC 地址，长度为 48 字节，一般来说每一块网卡上的 MAC 地址都是不同的。在 MAC 地址和 IP 地址间使用 ARP 和 RARP 协议进行相互转换。

通常一个网络接口只接收两种数据帧：与自己硬件地址相匹配的数据帧和发向所有机器的广播帧。

网卡负责数据的收发，它接收传输来的数据帧，然后网卡内的单片机程序查看数据帧的目的 MAC 地址，根据计算机上的网卡驱动程序设置的接收模式判断该不该接收。

如果接收则接收后通知 CPU，否则丢弃该数据帧，所以丢弃的数据帧直接被网卡截断，计算机根本不知道。CPU 得到中断信号产生中断，操作系统根据网卡的驱动程序设置的网卡中断程序地址调用驱动程序接收数据，驱动程序接收数据后放入信号堆栈让操作系统处理，网卡通常有以下四种接收方式。

1. 广播方式

接收网络中的广播信息。

2. 组播方式

接收组播数据。

3. 直接方式

只有目的网卡才能接收该数据。

4. 混杂模式

接收一切通过它的数据，而不管该数据是否是传给它的。

以太网的工作机制是把要发送的数据包发往连接在同一网段中的所有主机，在包头中包括目标主机的正确地址，只有与数据包中目的地址相同的主机才能接收到信息包。

早期的 Hub 是共享介质的工作方式，只要把主机网卡设置为混杂模式，网络监听就可以在任何接口上实现，现在的网络基本上都用交换机，必须把执行网络监听的主机接在镜像端口上，才能监听到整个交换机上的网络信息。这就是网络监听的基本原理。网络监听常常要保存大量的信息，并对其进行大量整理，这会大大降低处于监听的主机对其他主机的响应速度。同时监听程序在运行的时候需要消耗大量的处理时间，如果在此时分析数据包，许多数据包就会因为来不及接收而被遗漏，因此监听程序一般会将监听到的包存放在文件中，分析在以后进行。

（三）基本用途

数据包探嗅器有两个主要的使用领域：商业类型的封包探嗅器通常被网管用于维护网络，另一种就是地下类型的封包探嗅器，用来入侵他人计算机。

典型的数据包探嗅器程序的主要用途包括以下几种。

1. 网络环境通信失效分析。

2. 探测网络环境的通信瓶颈。

3. 将数据包信息转换成人类易于辨读的格式。

4. 探测有无入侵者存在于网络上，以防止其入侵。

5.从网络中过滤及转换有用的信息，如使用者名字及密码。

6.网络通信记录，记录下每一个通信的资料，用于了解入侵者入侵的路径。

二、协议数据包结构

网络层协议将数据包封装成 IP 数据包，并运行必要的路由算法，它包括以下四个互联协议。

互联网协议（IP）：在主机和网络之间进行数据包的路由转发。

地址解析协议（ARP）：获得同一物理网络中的硬件主机地址。

互联网控制管理协议（ICMP）：发送消息，并报告有关数据包的传送错误。

互联组管理协议（IGMP）：IP 主机向本地组播路由器报告主机组成员。

传输层协议在计算机之间提供通信会话，传输协议的选择根据数据传输方式而定，常用的两个传输协议如下。

TCP（传输控制协议）：提供了面向连接的通信，为应用程序提供可靠的通信连接，适用于一次传输大批数据的情况，并适用于要求得到响应的应用程序。

UDP（用户数据包协议）：提供了无连接通信，且不对传送包进行可靠的保证，适用于一次传输少量数据的情况，可靠性由应用层负责。

（一）IP

一方面，IP 协议面向无连接，主要负责在主机间寻址并为数据包设定路由，在交换数据前它并不建立会话，因为它不能保证正确传递；另一方面，当数据被收到时，IP 协议不需要收到确认，所以它是不可靠的。

（二）ICMP

ARP 用于获得在同一物理网络中的主机的硬件地址。要在网络上通信必须知道对方主机的硬件地址，地址解析就是将主机 IP 地址映射为硬件地址的过程。

（三）ICMP

ICMP 用于报告错误并对消息进行控制。ICMP 是 IP 层的一个组成部分，它负责传递差错报文及其他需要注意的信息。

ICMP 报文通常被 IP 层或更高层协议（TCP 或 UDP）使用，一些 ICMP 报文把差错报文返回给用户进程。ICMP 报文被包含在 IP 数据包内部传输。

（四）IGMP

IGMP 把信息传给别的路由器，以使每个支持组播的路由器获知哪个主机组处于哪个网络中。

正如 ICMP 一样,IGMP 也被当作 IP 层的一部分。IGMP 报文通过 IP 数据包进行传输,有固定的报文长度, 没有可选数据项。

（五）TCP

TCP 提供一种面向连接的、可靠的字节流服务。面向连接意味着两个使用 TCP 的应用在彼此交换数据之前必须先建立一个 TCP 连接。

（六）UDP

UDP 是一个简单的面向数据包的传输层协议, 进程的每个输出操作都产生一个 UDP 数据包, 并组装成一份待发送的 IP 数据包。这与面向流字符的协议（如 TCP）不同, 应用程序产生的全体数据与真正发送的单个数据包可能没有什么联系。

端口号表示发送进程和接收进程。由于 IP 层已经把 IP 数据包分配给 TCP 或 UDP, 因此 TCP 端口号由 TCP 查看, 而 UDP 端口号由 UDP 查看。TCP 端口号与 UDP 端口号是相互独立的。

尽管相互独立, 但如果 TCP 和 UDP 同时提供某种知名服务, 两个协议通常选择相同的端口号。这只是为了使用方便, 而不是协议本身的要求。

三、网络监听与数据分析

（一）Wireshark

Wireshark 可以对大量的数据进行监控, 几乎能得到任何以太网上传送的数据包。在以太网中 Wireshark 将系统的网络接口设定为混杂模式。这样, 它就可以监听到所有流经同一以太网网段的数据包, 且 Wireshark 的安装无须重启系统, 十分便于实验教学。

（二）Wireshark 常用功能与特性

1.Wireshark 的常用功能

（1）网络管理员使用它捕获并分析网络流量, 帮助解决网络问题。
（2）网络安全工程师用它监控网络活动, 测试安全问题。
（3）开发人员用它调试协议的实现过程。
（4）帮助学习网络协议。

2.Wireshark 提供的特性

（1）支持 Unix 平台和 Windows 平台。
（2）从网络接口上捕获实时数据包。
（3）以非常详细的协议方式显示数据包。

（4）可以打开或者存储捕获的数据包。

（5）导入／导出数据包。

（6）按多种方式过滤数据包。

（7）按多种方式查找数据包。

（8）根据过滤条件，以不同的颜色显示数据包。

（9）可以建立多种统计数据。

（三）TCP/IP 报文捕获与分析

报文捕获功能可以通过执行"Capture"菜单栏中的相关命令完成，一般执行"Interfaces"命令，选择网络接口，然后执行"Start"命令，开始捕获报文，执行"Stop"命令，停止捕获。

1. 工作界面分布

整个工作界面可分为以下四个区域。

菜单、工具栏区：主要包括菜单栏、工具栏及过滤交互框。工具栏提供常用工具按钮，以方便用户快速操作；过滤框提供各种过滤条件的设置与生效，以便实现针对性明确的捕获与分析。

工作区：主要显示捕获的报文基本信息，主要包括序号、时间、源地址、目的地址、协议类型、长度及有关信息。这一区域的信息反映了网络运行的过程状态，是发现兴趣点及问题的基础。

报文的协议封装类型结构树及对应的具体数据：反映了工作区选定报文的协议封装结构及相对应的具体数据，用于发现具体的信息和问题。

状态行：位于工作界面最下方。

2. 捕获报文查看

Wireshark 软件提供了强大的分析功能和解码功能。解码主要要求分析人员对协议比较熟悉，这样才能看懂解析出来的报文。使用该软件很简单，要能够利用软件解码分析来解决问题，关键是要对各种层次的协议了解得比较透彻。工具软件只提供一个辅助的手段，因涉及的内容太多，这里不对协议进行过多讲解，读者可参阅其他相关的资料。

对于 MAC 地址，Wireshark 软件进行了首部的智能替换，如以"001f9d"开头替换为 Cisco，以"00e0fb"开头就替换为 Huawei，这样有利于了解网络上各种相关设备的制造商信息。

3. 设置捕获条件

利用该软件可按照过滤器设置的过滤规则进行数据的捕获或显示，可以通过在菜单栏或工具栏中的相关命令进行。过滤器可以根据物理地址或 IP 地址和协议选择进行组合筛选。基本的捕获条件有以下两种。

（1）链路层捕获

按源 MAC 和目的 MAC 地址进行捕获，在过滤框中输入 **eth.addr**==00：19：21：f5：8c：bd，这样截取的报文就只与这个 MAC 地址有关，使得捕获具有明确的针对性。

（2）IP 层捕获

按源 IP 地址和目的 IP 地址进行捕获。在过滤框中输入 **ip.addi**==172.16.32.20，则捕获的只是有关此 IP 地址的报文，其他报文将被过滤掉。

4.报文解码与分析

IP 报文分析。IP 报文包括 IP 协议头和载荷，其中对 IP 协议首部的分析是 IP 报文分析的重要内容。

第四节　VLAN安全技术与应用

一、VLAN 概述

早期，很多局域网都采用了通过路由器实现分段的简单结构。在这样的网络下，局域网中采用广播方式，每一个局域网上的广播数据包都可以被该段上的所有设备收到，而不管这些设备是否需要。因此，若在某个广播域中可以侦听到所有的信息包，黑客就可以对信息包进行分析，那么本广播域的信息传递都会暴露在黑客面前。

网络分段是保证安全的一项重要措施，同时也是一项基本措施，其指导思想在于将非法用户与网络资源相互隔离，从而达到限制用户非法访问的目的。

（一）VLAN 技术

VLAN（Virtual Local Area Network，虚拟局域网）是为解决以太网的广播问题和安全性而提出的一种协议，是一种通过将局域网内的设备逻辑地而不是物理地划分成一个个网段从而实现虚拟工作组的新兴技术。IEEE 颁布了用以标准化 VLAN 实现方案的 802.1q 协议标准草案，它在以太网帧的基础上增加了 VLAN ID，用 VLAN ID 把用户划分为更小的工作组，限制不同工作组间的用户在网络的第二层互访，每个工作组就是一个虚拟局域网。虚拟局域网的好处是可以限制广播范围，并能够形成虚拟工作组，动态管理网络。VLAN 具有控制广播、安全性、灵活性及可扩展性等技术优势。

通过使用 VLAN，能够把原来一个物理的局域网划分成很多个逻辑意义上的子网，而不必考虑具体的物理位置，每一个 VLAN 都可以对应于一个逻辑单位，如部门、机房等。由于在相同 VLAN 内的主机间传送的数据不会影响到其他 VLAN 上的主机，因此减少了数据交互的可能性，极大地增强了网络的安全性。

　　VLAN 的划分方式的目的是保证系统的安全性。因此，可以按照系统的安全性来划分 VLAN；可以将总部中的服务器系统单独划作一个 VLAN，如数据库服务器、电子邮件服务器等。也可以按照机构的设置来划分 VLAN，如将领导所在的网络单独作为一个 Leader VLAN（LVLAN），其他部门（或下级机构）分别作为一个 VLAN，并且控制 LVLAN 与其他 VLAN 之间的单向信息流向，即允许 LVLAN 查看其他 VLAN 的相关信息，其他 VLAN 不能访问 LVLAN 的信息。VLAN 之内的连接采用交换机实现，VLAN 与 VLAN 之间采用路由器实现。按照 VLAN 在交换机上的实现方法，可以大致划分为以下三类。

1. 基于端口划分的 VLAN

　　这种划分方法是根据以太网交换机的端口来划分的，如何配置则由管理员决定。这种划分方法的优点是简单，只要将所有的端口都定义一下即可。

2. 基于 MAC 地址划分 VLAN

　　这种划分方法是根据每个主机的 MAC 地址来划分的，即对每个 MAC 地址的主机都配置它属于哪个组。这种划分方法的最大优点就是当用户物理位置移动时，即从一个交换机换到其他的交换机时，VLAN 不用重新配置。

3. 基于网络层划分 VLAN

　　这种划分方法是根据每个主机的网络层地址或协议类型（如果支持多协议）划分的，如根据 IP 地址划分，优点是即使用户的物理位置改变了，也不需要重新配置所属的 VLAN。另外，这种方法不需要附加的帧标签来识别 VLAN，这样可以减少网络的通信量。

（二）VLAN 技术的安全意义

　　由于局域网中的信息传输模式是广播模式，因此通过一些技术手段有可能窥探到网络中传输的信息。为了抵御来自内部的侵犯，网络分段是保证安全的一项重要措施，其指导思想在于将非法用户与网络资源相互隔离，从而达到限制用户非法访问的目的。

　　以太网本质上基于广播机制，但应用了交换机和 VLAN 技术后，实际上转变为点到点通信，除非设置了监听口，信息交换也不会存在监听和插入（改变）问题。由以上运行机制带来的网络安全是显而易见的，即信息只到达应该到达的地点，从而防止了大部分基于网络监听的入侵手段。通过虚拟网设置的访问控制，使虚拟网之外的网络节点不能直接访问虚拟网内的节点。

二、动态 VLAN 及其配置

　　VLAN 有静态和动态之分，静态 VLAN 就是事先在交换机上配置好，事先确定哪些端口属于哪些 VLAN，这种技术比较简单，配置也方便。这里主要讨论动态 VLAN 技术及其安全意义。

（一）动态 VLAN 概述

动态 VLAN 的形成也很简单，当由端口自己决定属于哪个 VLAN 时，就形成了动态的 VLAN。它是一个简单的映射，这个映射取决于网络管理员创建的数据库。分配给动态 VLAN 的端口被激活后，交换机就缓存初始帧的源 MAC 地址。随后，交换机便向一个称为 VMPS（VLAN Membership Policy Server，VLAN 成员策略服务器）的外部服务器发出请求，VMPS 中包含一个文本文件，文件中存有进行 VLAN 映射的 MAC 地址。交换机对这个文件进行下载，然后对文件中的 MAC 地址进行校验。如果能在文件列表中找到 MAC 地址，交换机就将端口分配给列表中的 VLAN。如果列表中没有 MAC 地址，交换机就将端口分配给默认的 VLAN（假设已经定义默认的 VLAN）。如果在列表中没有 MAC 地址，而且也没有定义默认的 VLAN，则端口不会被激活。动态 VLAN 是维护网络安全的一种非常好的方法。

如果所分配的 VLAN 被限制在一组端口范围内，VMPS 确认发起请求的端口是否在这个组内，并做如下响应。

1. 如果 VLAN 在该端口是允许的，则 VMPS 向客户返回 VLAN 的名称。

2. 如果 VLAN 在该端口是不允许的，VMPS 处于不安全模式，则这时拒绝接入响应。

3. 如果 VLAN 在该端口是不允许的，并且 VMPS 处于安全模式，则 VMPS 发出端口关闭响应。

如果 VMPS 数据库内的 VLAN 与该端口上当前的 VLAN 不匹配，并且该端口上有活动主机，VMPS 会根据 VMPS 的安全模式发出拒绝或端口关闭响应。如果交换机从 VMPS 服务器端接收到拒绝接入响应，将会阻止由该 MAC 地址发往此端口或者从此端口发出的数据。交换机将继续监控发往该端口的分组，并在发现新的地址时向 VMPS 或者从此端口通信。如果交换机从 VMPS 服务器接收到端口关闭响应，将会立刻关闭端口，并只能手工重新启用。

出于安全的原因，用户可以配置一个 fallback VLAN 的名称，如果配置连接到网络上并且其 MAC 地址不在数据库中，VMPS 会将 fallback VLAN 的名称发给客户端。如果不配置 fallback VLAN，MAC 地址也不在数据库中，则 VMPS 将会发出拒绝响应；如果 VMPS 处于安全模式，则会关闭端口。

用户还可以在 VMPS 数据库中地添加条目，拒绝待定 MAC 地址的访问。具体方法是将此 MAC 地址对应的 VLAN 名称指定为关键字"-NONE-"。这样，VMPS 就会发出拒绝接入响应或关闭端口。

交换机上的动态端口仅属于一个 VLAN，当链路启用后，交换机只能在 VMPS 服务器提供 VLAN 分配后才会转发来自或者发往此端口的通信，VMPS 客户端从连接到动态端口的新主机发送的首个分组中获得源 MAC 地址，并尝试通过发往 VMPS 服务器的 VQP 请求，在 VMPS 数据库中找到与之匹配的 VLAN。

Cisco Catalyst 2950 和 3550 允许多台同属于一个 VLAN 的主机连接在一个动态端口上。

如果活动主机多于 20 台，VMPS 将把接口关闭。如果动态端口上的连接中断，端口将返回隔离状态并且不属于任何一个 VLAN。对连接到该端口的任何主机，在将端口分配给某个 VLAN 之前，要通过 VMPS 重新检查。

（二）动态 VLAN 配置

将 VMPS 客户配置为动态时，有一些限制，即在为动态端口指定 VLAN 成员身份时要遵循以下原则。

第一，将端口配置为动态之前，必须先配置 VMPS。

第二，VMPS 客户端必须与 VMPS 服务器处于同一个 VTP 管理域中，且同属于一个管理 VLAN。

第三，如果将端口配置为动态，则会自动在该端口启动 STP 的 PortFast 功能。

第四，如果将一个端口由静态配置为动态端口，端口会立即连接到 VLAN 上，直到 VMPS 为动态端口上的主机检查合法性。

第五，静态的 Trunk 不可以改变为动态端口。

第六，EtherChannel 内的物理端口不能被配置为动态端口。

第七，如果有过多的活动主机连接到端口中，VMPS 会关闭动态端口。

1.VMPS 数据库配置文件

VMPS 数据库配置文件必须放置在 TFTP 服务器上，VMPS 数据库配置文件是一个 ASCII 码的文本文件。

2. 将交换机配置成 VMPS 服务器

配置完 VMPS 数据库后，需要配置 VMPS 服务器。通常，VMPS 服务器仅在 Cisco Catalyst 5500/6500 等高端交换机上支持。

3. 将参与动态 VLAN 的交换机配置成 VMPS 客户端

配置完 VMPS 服务器后，需要将参与动态 VLAN 的交换机配置成 VMPS 客户端。

VMPS 的配置过程基本完成，如果有新的员工加入公司，则只需要修改 VMPS 数据库即可完成动态分配任务。

采用如上配置后，可以将公司的网络按照不同的员工和不同的设备划分开，因此数据安全更能得到保证。而且，当攻击者将自己的设备接入其他网络后，网络端口会因为非法入侵而自动关闭，获得了较好的安全性，并且将入侵者的 MAC 地址记录到相应的数据库中，完成攻击者查找的任务。

三、PVLAN 及其配置

学校互联网数据中心（IDC）为学校的众多单位提供主机托管业务，构成了一个多客户的服务器群结构。在这些应用中，数据流量的流向几乎都是在服务器与客户之间，而服务器间的横向的通信几乎没有；相反，属于不同客户的服务器之间的安全就显得至关重要。为了保证托管客户之间的安全，防止任何恶意的行为和信息探听，需要将每个客户从第二层进行隔离。原先方法是，使用 VLAN 技术给每个客户分配一个 VLAN 和相关的 IP 子网。但随着托管主机的增加，这种分配给每个客户单一 VLAN 和 IP 子网的模型造成了巨大的扩展方面的局限。

为了解决上述问题，新购进了一台支持 PVLAN 的交换机 Cisco Catalyst 3560，通过 PVLAN 机制将这些服务器划分到同一个 IP 子网中，但服务器只能与自己的默认网关通信。

（一）PVLAN 概述

随着网络的迅速发展，用户对于网络数据通信的安全性提出了更高的要求，诸如防范黑客攻击、控制病毒传播等，都要求保证网络用户通信的相对安全性。传统的解决方法是给每个客户群分配一个 VLAN 和相关的 IP 子网，通过使用 VLAN，每个客户从第二层被隔离开，可以防止任何恶意的行为和以太网的信息探听。然而，这种分配每个客户单一 VLAN 和 IP 子网的模型造成了巨大的可扩展方面的局限。这些局限主要有下述几方面。

1.VLAN 的限制

交换机固有的 VLAN 数目的限制。

2.IP 地址的紧缺

IP 子网的划分势必造成一些 IP 地址的浪费。

3.路由的限制

每个子网都需要相应的默认网关的配置。

从安全上考虑，现在有了一种新的 VLAN 机制，所有服务器在同一个子网中，但服务器只能与自己的默认网关通信，这一新的 VLAN 特性就是专用 VLAN（Private VLAN，PVLAN）。

（二）PVLAN 类型

1.PVLAN 的端口类型

在 PVLAN 的概念中，交换机端口有隔离端口（Isolated Port）、团体端口（Community Port）和混杂端口（Promiscuous Port）三种类型。

（1）隔离端口

这种类型的端口彼此之间不能交换数据，只能与混杂端口通信，一般用作用户的接入端口。

（2）团体端口

这种类型的端口之间可以互相通信，也可以与混杂端口通信，主要应用在同一PVLAN 中，给那些需要互相通信的一组用户使用。

（3）混杂端口

这种类型的端口可以与同一 PVLAN 中的所有端口互相通信，通常与路由器或第三层交换机相连接的端口都要配置成混杂端口，它收到的流量可以发往隔离端口和团体端口。

2.PVLAN 类型

PVLAN 有三种类型：主 VLAN（Primary VLAN）、隔离 VLAN（Isolated VLAN）和团体 VLAN（Community VLAN），隔离端口属于隔离 VLAN，团体端口属于团体VLAN，而主 VLAN 代表一个 PVLAN 整体。

隔离 VLAN 和团体 VLAN 都属于辅助 VLAN(Secondary VLAN)，它们之间的区别是：同属于一个隔离 VLAN 的主机不可以互相通信，同属于一个团体 VLAN 的主机可以互相通信，但它们都可以和与之所关联的主 VLAN 通信。

PVLAN 的应用对于保证接入网络的数据通信的安全性是非常有效的，用户只需与自己的默认网关连接，一个 PVLAN 不需要多个 VLAN 和 IP 子网就提供了具备第二层数据通信安全性的连接，所有的用户都接入 PVLAN，从而实现了所有用户与默认网关的连接，而与 PVLAN 内的其他用户没有任何访问。PVLAN 功能可以保证同一个 VLAN 中的各个端口相互之间不能通信，但可以穿过 Trunk 端口。这样即使同一 VLAN 中的用户，相互之间也不会受到广播的影响。ARP 欺骗病毒便可以通过这种方法进行隔离。例如，某个 VLAN 内发现 ARP 病毒后，将 VLAN 配置成为一个隔离 VLAN 后，ARP 广播报文仅会传向混杂端口，而不会广播到整个 VLAN 中。

（三）PVLAN 配置

在配置 PVLAN 时，通常的原则如下。

1. 把需要第二层隔离的主机放到同一个隔离 VLAN 或者不同的团体 VLAN 中。

2. 把需要第二层通信的主机放到同一个团体 VLAN 中。

3. 把公共的服务器或者上联端口放到主 VLAN 中（即将端口设置为混杂端口）。

4. 网关可以在主 VLAN 上配一个三层地址或者在主 VLAN 上连接一个路由器。

5. 交换机的上联端口也可以是 Trunk，主 VLAN 和辅助 VLAN 都可以通过 Trunk 链路。

第五节　无线局域网安全技术

随着越来越多的无线局域网投入商业运营，无线局域网（Wireless Area Network，WLAN）应用的日益广泛，其安全问题也越来越受到人们的关注。无线局域网中，数据在空中传播，只要在无线接入点（Access Port，AP）覆盖的范围内，终端都可以接收到无线信号，无线接入点不能将信号定向到一个特定的接收设备，因此无线局域网的安全问题显得尤为突出。

一、无线局域网安全问题

无线局域网安全性的一个主要方面是网络互联。互联网已经成为有线和无线网络的大集合，企业需要与内、外部进行通信，人们在开放的系统中工作。通过向有线网络提供一个访问点，有线网络和无线网络就会融合在一起，那么安全方面的中心工作是这两种网络的集成，并使网络的安全功能足够强大，能够记录和识别网络中的所有用户。

（一）网络资源暴露无遗

一旦某些别有用心的人通过无线网络连接到某人的一无线局域网，这样他们就与那些直接连接到此人的 LAN 交换机上的用户一样，都对整个网络有一定的访问权限。在这种情况下，除非此人事先已采取了一些措施，限制不明用户访问网络中的资源和共享文档，否则入侵者能够做授权用户所能做的任何事情。在网络上，文件、目录或者整个硬盘驱动器能够被复制或删除，或者其他更坏的情况是那些诸如键盘记录、特洛伊木马、间谍程序或其他的恶意程序，它们能够被安装到系统中，并且通过网络被那些入侵者所操纵，这样的后果就可想而知。

（二）敏感信息被泄露

只要运用适当的工具，Web 页面就能够被实时重建，这样所浏览过 Web 站点的 URL 就能被捕获下来，则在这些页面中输入的一些重要的密码会被入侵者偷窃和记录下来，如果是信用卡密码之类的，后果不堪设想。

二、无线局域网安全技术

无线局域网具有可移动性、安装简单、高灵活性和扩展能力的特点，作为对传统有线网络的延伸，在许多特殊环境中得到了广泛的应用。随着无线数据网络解决方案的不断推出，"不论您在任何时间、任何地点都可以轻松上网"这一目标被轻松实现。

由于无线局域网采用公共的电磁波作为载体，任何人都有条件窃听或干扰信息，因此对越权存取和窃听的行为也更不容易预防。无线网络将成为黑客攻击的重点。一般黑客的工具盒包括一个带有无线网卡的微机和一个无线网络探测卡软件，被称为 NetStumbler。因此，人们在一开始应用无线网络时，就应该充分考虑其安全性。常见的无线网络安全技术有以下几种。

（一）服务集标识符

通过对多个无线接入点设置不同的服务集标识符（SSID），并要求无线工作站出示正确的 SSID 才能访问 AP，这样就可以允许不同群组的用户接入，并对资源访问的权限进行区别限制。因此可以认为 SSID 是一个简单的口令，从而提供一定的安全，但如果配置 AP 向外广播其 SSID，那么安全程度还将下降。由于一般情况下，用户自己配置客户端系统，所以很多人都知道该 SSID，很容易共享给非法用户。目前有的厂家支持"任何（ANY）"SSID 方式，只要无线工作站在任何 AP 范围内，客户端都会自动连接到 AP，这将跳过 SSID 安全功能。

（二）物理地址过滤

由于每个无线工作站的网卡都有唯一的物理地址，因此可以在 AP 中手工维护一组允许访问的 MAC 地址列表，实现物理地址过滤。这种方式要求 AP 中的 MAC 地址列表必须随时更新，可扩展性差；而且 MAC 地址在理论上可以伪造，因此这也是较低级别的授权认证。物理地址过滤属于硬件认证，而不是用户认证。这种方式要求 AP 中的 MAC 地址列表必须随时更新，目前都是手工操作；如果用户增加，则扩展能力很差，因此只适合于小型网络规模。

（三）连线对等保密

在链路层采用 RC4 对称加密技术，用户的加密密钥必须与 AP 的密钥相同时才能获准存取网络的资源，从而防止非授权用户的监听以及非法用户的访问。例如，一个服务区内的所有用户都共享同一个密钥，一个用户丢失钥匙将使整个网络不安全。

（四）Wi-Fi 保护接入

Wi-Fi 保护接入（Wi-Fi Protected Access，WPA）是继承了 WEP 基本原理而又解决了 WEP 缺点的一种新技术。由于加强了生成加密密钥的算法，因此即便收集到分组信息并对其进行解析，也几乎无法计算出通用密钥。其原理为根据通用密钥，配合表示计算机 MAC 地址和分组信息顺序号的编号，分别为每个分组信息生成不同的密钥，然后与 WEP 一样将此密钥用于 RC4 加密处理。通过这种处理，所有客户端的所有分组信息所交换的数据将由各不相同的密钥加密而成。无论收集到多少这样的数据，要想破解出原始的通用密钥几乎是不可能的。WPA 还追加了防止数据中途被篡改的功能和认证功能。由于具备这些功能，WEP 中此前的缺点得以全部解决。WPA 不仅是一种比 WEP 更为强大的加密方法，而且有更为丰富的内涵。作为 802.11i 标准的子集，WPA 包含了认证、加密和数据完整性校验三个组成部分，是一个完整的安全性方案。

（五）国家标准

WAPI（WLAN Authentication Privacy Infrastructure）即无线局域网鉴别与保密基础结构，它针对 IEEE 802.11 中 WEP 协议安全问题，在中国无线局域网国家标准 GB 15629.11 中提出的 WLAN 安全解决方案。同时本方案已由 ISO/IEC 授权的机构 IEEE Registration Authority 审查并获得认可。它的主要特点是采用基于公钥密码体系的证书机制，真正实现了移动终端（MT）与无线接入点间的双向鉴别。用户只要安装一张证书就可在覆盖WLAN 的不同地区漫游，方便用户使用。与现有计费技术兼容的服务，可实现按时计费、按流量计费、包月等多种计费方式。AP 设置好证书后，无须再对后台的 AAA 服务器进行设置，安装、组网便捷，易于扩展，可满足家庭、企业、运营商等多种应用模式。

（六）端口访问控制技术

访问控制的目标是防止任何资源（如计算资源、通信资源或信息资源）进行非授权的访问。非授权访问包括未经授权的使用、泄露、修改、销毁及发布指令等。用户通过认证，只是完成了接入无线局域网的第一步，还要获得授权，才能开始访问权限范围内的网络资源，授权主要通过访问控制机制来实现。访问控制也是一种安全机制，它通过访问BSSID、MAC 地址过滤、访问控制列表等技术实现对用户访问网络资源的限制。访问控制可以基于下列属性进行：源 MAC 地址、目的 MAC 地址、源 IP 地址、目的 IP 地址、源端口、目的端口、协议类型、用户 ID、用户时长等。

端口访问控制技术（802.1x）也是用于无线局域网的一种增强性网络安全解决方案。当无线工作站与无线访问点关联后，是否可以使用 AP 的服务要取决于 802.1x 的认证结果。如果认证通过，则 AP 为 STA 打开这个逻辑端口，否则不允许用户上网。802.1x 要求无线工作站安装 802.1x 客户端软件，无线访问点要内嵌 802.1x 认证代理，同时它还作为RADIUS 客户端，将用户的认证信息转发给 RADIUS 服务器。802.1x 除提供端口访问控制功能之外，还提供基于用户的认证系统及计费，特别适合于公共无线接入解决方案。

（七）认证

认证提供了关于用户的身份的保证。用户在访问无线局域网之前，首先需要经过认证验证身份以决定其是否具有相关权限，再对用户进行授权，允许用户接入网络，访问权限内的资源。尽管不同的认证方式决定用户身份验证的具体流程不同，但认证过程中所应实现的基本功能是一致的。目前无线局域网中采用的认证方式主要有 PPPoE 认证、Web 认证和 802.1x 认证。

1. 基于 PPPoE 的认证

PPPoE 认证是出现最早也是最为成熟的一种接入认证机制，现有的宽带接入技术多数采用这种接入认证方式。在无线局域网中，采用 PPPoE 认证，只须对原有的后台系统增加相关的软件模块，就可以得到认证的目的，从而大大节省投资，因此使用较为广泛。

PPPoE 认证实现方便。但是由于它是基于用户名 / 口令的认证方式，并只能实现网络对用户的认证，因此安全性有限；网络中的接入服务器需要终结大量的 PPP 会话，转发大量的 IP 数据包，在业务繁忙时，很可能成为网络性能的瓶颈，因此使用 PPPoE 认证方式对组网方式和设备性能的要求较高；而且由于接入服务器与用户终端之间建立的是点到点的连接，因此即使几个用户同属于一个组播组，也要为每个用户单独复制一份数据流，才能够支持组播业务的传输。

2. 基于 Web 的认证

Web 认证相比于 PPPoE 认证的一个非常重要的特点就是客户端除了 IE 外不需要安装认证客户端软件，给用户免去了安装、配置与管理客户端软件的烦恼，也给运营维护人员减少了很多相关的维护压力。同时，Web 认证配合 Portal 服务器，还可在认证过程中向用户推送门户网站，有助于开展新的增值业务。

在 Web 认证过程中，用户首先通过 DHCP 服务器获得 IP 地址，使用这个地址可以与 Portal 服务器通信，也可访问一些内部服务器。在认证过程中，用户的认证请求被重定向到 Portal 服务器，由 Portal 服务器向用户推送认证界面。

3. 基于 802.1x 的认证

802.1x 认证是采用 IEEE 802.1x 协议的认证方式的总称。802.1x 协议是一种基于端口的访问控制协议（Port Based Network Access Control Protocol），能够实现对局域网设备的安全认证和授权。802.1x 协议的基础在于扩展认证协议（Extensible Authentication Protocol，EAP），即 IETF 提出的 PPP 协议的扩展。EAP 消息包含在 IEEE 802.1x 消息中，被称为 EAPoL（EAPover LAN）。IEEE 802.1x 协议的体系结构包括三个重要的部分：客户端、认证系统和认证服务器。

在一个 802.1x 的无线局域网认证系统中，认证不是由接入点完成的，而是由一个专门的中心服务器完成的。如果服务器使用 RADIUS 协议，则称为 RADIUS 服务器。用户可以通过任何一台 PC 登录到网络上，而且很多 AP 可以共享一个单独的 RADIUS 服务器来完成认证，这使得网络管理员能更容易地控制网络接入。

802.1x 使用 EAP 来完成认证，但 EAP 本身不是一个认证机制，而是一个通用架构，用来传输实际的认证协议。EAP 的好处就是当一个新的认证协议发展出来的时候，基础的 EAP 机制不需要随之改变。目前有超过 20 种不同的 EAP 协议，而各种不同形态间的差异在于认证机制与密钥管理的不同。

三、无线局域网企业应用

在有线接入网络中，用户只能在具有信息点的位置上网，限制了终端用户的活动范围。而 WLAN 建成后，在无线网信号覆盖区域内的任何位置都可以接入网络，使用户真正实现随时、随地、随意地接入宽带网络。由于 WLAN 技术在二层上与以太网完全一致，所以能够将 WLAN 集成到已有的网络中，也能将已有的应用扩展到 WLAN 中。这样，就可以利用已有的有线接入资源，迅速地部署 WLAN 网络，形成无缝覆盖。WLAN 产品的多模整合是主要的技术趋势，能够支持 802.11a/b/g 的 AP 和其他无线接入产品能够更好地适应用户不同的网络环境和未来发展及技术升级的需要，同时能够保护现有的设备投资。另外，针对无线安全的需求，新的 WLAN 产品将更多地把防火墙、防病毒、身份认证等功能集成到无线交换技术和产品中，使新的 WLAN 能够提供更多自适应、自防御性能。因此，无线技术发展的一个总趋势是更加强调移动性、融合性和智能化。

（一）安全 WLAN 访问解决方案

Cisco Aironet 系列可以作为一个无线层无缝地集成到现有的网络中，或者重新创建一个能够迅速、经济有效地实现移动性的纯无线网络。Aironet 系列产品通过了无线以太网兼容性联盟（WECA）的 Wi-Fi 互操作性认证，可以与其他 IEEE 802.11b 产品进行无缝的集成。这简化了网络管理员和技术支持员的部署流程。但是同时需要指出的是，Cisco 无线安全套件只能支持基于 Cisco 技术的产品。

当网络需要改动时，网络管理员只需要在房间中放入另外一台工作站，并安装上一个 Cisco Aironet 客户端卡，就足以增大网络的规模。利用 Cisco Aironet 无线网桥，还可以降低连接远程建筑物的成本。它们可以在以太网之间提供高速的、长距离的建筑物间无线连接，从而节约大量的时间和安装专线的成本。

Cisco Aironet 产品系列可以在提供安全性的同时为用户提供更多的自由。它可以方便地与现有的网络集成。可以提高员工的工作效率，还可以节约开支。其移动性和灵活性使得它成了安全无线网络的最佳解决方案。最重要的是，它可以建立一个真正安全的、便于安装的无线网络。可以通过 Cisco 整体实施解决方案（TIS）获得部署助手，通过 Cisco SmartNet 获得技术运营支持。

（二）WLAN 中小企业解决方案

HP Wireless Access Point 420 是一个特性全面的 IEEE 802.11b/g 接入点，非常适用于部署大、中型无线局域网。该产品采用 802.3a/f 以太网供电（PoE）模式，内置了"病毒扼制（Virus Throttling）"技术，将蠕虫病毒的危害可能降低到了最小限度；提供了一种经济、高效地部署 802.11b 或 802.11g 无线网络的方式。HP ProCurve Networking 将交换机和无线访问硬件结合在一起，提供安全、适当的网络访问级别。另外，HP 网络利用基于边缘性的安全策略和网络认证控制管理技术，通过源端口过滤、基于 Web 的验证、MAC 地址锁定、安全 FTP 文件传输、速率限制等技术，来应对有线与无线综合网络的安全和管理，保障网络应用的运行安全。

第六节 企业局域网安全解决方案

企业局域网安全解决方案包括网络系统分析、安全需求分析、安全目标的确立、安全体系结构的设计等。安全解决方案的目标是在不影响企业局域网当前业务的前提下，实现对局域网全面的安全管理。其目的如下。

第一，将安全策略、硬件及软件等方法结合起来，构成一个统一的防御系统，有效阻止非法用户进入网络，减少网络的安全风险。

第二，定期进行漏洞扫描，审计跟踪，及时发现问题，解决问题。

第三，通过入侵检测等方式实现实时安全监控，提供快速响应故障的手段，同时具备很好的安全取证措施。

第四，使网络管理员能够很快重新组织被破坏了的文件或应用，使系统重新恢复到破坏前的状态，最大限度地减少损失。

第五，在工作站、服务器上安装相应的防病毒软件，由中央控制台统一控制和管理，实现全网统一防病毒。

一、企业局域网系统概况

（一）企业局域网概况

企业局域网是一个信息点较为密集的千兆局域网系统，它所连接的现有上千个信息点为在整个企业内办公的各部门提供了一个快速、方便的信息交流平台。不仅如此，通过专线与 Internet 的连接，可使各个部门直接与互联网用户进行交流、查询资料等。高速交换技术的采用、灵活的网络互联方案设计为用户提供快速、方便、灵活通信平台的同时，也为网络的安全带来了更大的风险。因此，在原有网络上实施一套完整、可操作的安全解决方案不仅是可行的，而且是必需的。

（二）企业局域网结构

企业局域网按访问区域可以划分为三个主要的区域：Internet 区域、内部网络、公开服务器区域。内部网络又可按照所属的部门、职能、安全重要程度分为许多子网，包括财务子网、领导子网、办公子网、市场部子网、中心服务器子网等。在安全方案设计中，基于安全的重要程度和要保护的对象，可以在 Cisco Catalyst 型交换机上直接划分四个虚拟局域网，即中心服务器子网、财务子网、领导子网、其他子网。不同的局域网分属不同的广播域，由于财务子网、领导子网、中心服务器子网属于重要网段，因此在中心交换机上将这些网段各自划分为一个独立的广播域，而将其他的工作站划分在一个相同的网段。

（三）企业局域网应用

企业局域网可以为用户提供如下主要应用。

1. 文件共享、办公自动化、WWW 服务、电子邮件服务。

2. 文件数据的统一存储。

3. 针对特定的应用在数据库服务器上进行二次开发（如财务系统）。

4. 提供与 Internet 的访问。

5. 通过公开服务器对外发布企业信息、发送电子邮件等。

（四）企业局域网结构的特点

在分析企业局域网的安全风险时，应考虑到网络的如下几个特点。

1. 网络与 Internet 直接连接

因此在进行安全方案设计时要考虑与 Internet 连接的有关风险，包括可能通过 Internet 传播进来病毒，黑客攻击，来自 Internet 的非授权访问等。

2. 网络中存在公开服务器

由于公开服务器对外必须开放部分业务，因此在进行安全方案设计时应该考虑采用安全服务器网络，避免公开服务器的安全风险扩散到内部。

3. 内部网络中存在许多不同的子网

不同的子网有不同的安全性，因此在进行安全方案设计时，应考虑将不同功能和安全级别的网络分割开，这可以通过交换机划分 VLAN 来实现。

4. 网络中有两台应用服务器

在应用程序开发时就应考虑加强用户登录验证，防止非授权的访问。

总之，须根据该企业局域网的特点、产品性能、价格、潜在的安全风险等进行综合考虑。

二、企业局域网安全风险分析

随着 Internet 网络急剧扩大和上网用户迅速增加，风险变得更加严重和复杂。原来由单个计算机安全事故引起的损害可能传播到其他系统，引起大范围的网络瘫痪和损失；另外，由于缺乏安全控制机制和对 Internet 安全政策的认识不足，这些风险日益严重。

针对企业局域网中存在的安全隐患，在进行安全方案设计时，下述安全风险必须要认真考虑，并且要针对面临的风险，采取相应的安全措施。

（一）物理安全风险分析

网络的物理安全的风险是多种多样的。网络的物理安全主要是指地震、水灾、火灾等环境事故；电源故障；人为操作失误或错误；设备被盗、被毁；电磁干扰；线路截获；高可用性的硬件；双机多冗余的设计；机房环境及报警系统；安全意识等。它是整个网络系统安全的前提，在企业局域网内，由于网络的物理跨度不大，因此只要制定健全的安全管理制度，做好备份，并且加强网络设备和机房的管理，这些风险是可以避免的。

（二）网络平台的安全风险分析

网络平台的安全涉及网络拓扑结构、网络路由状况及网络的环境等。

1. 公开服务器面临的威胁

由于企业局域网内公开服务器区(WWW、E-mail 等服务器)作为公司的信息发布平台，一旦不能运行或者受到攻击，对企业的声誉影响巨大。公开服务器必须开放相应的服务；攻击者每天都在试图攻入 Internet 节点，对这些节点如果不保持警惕，可能连攻击者怎么闯入的都不知道，甚至会成为攻击者入侵其他站点的跳板。因此，规模比较大的网络的管理员对 Internet 安全事故做出有效反应变得十分重要。有必要将公开服务器、内部网络与外部网络进行隔离，避免网络结构信息外泄；同时还要对外网的服务请求加以过滤，只允许正常通信的数据包到达相应主机，其他的请求服务在到达主机之前就应该遭到拒绝。

2. 网络结构和路由状况

安全的应用往往是建立在网络系统之上的。网络系统的成熟与否直接影响安全系统成功的建设。在企业局域网系统中，一般只使用了一台路由器，用作与 Internet 连接的边界路由器，网络结构相对简单，具体配置时可以考虑使用静态路由，这就大大减少了因网络结构和网络路由造成的安全风险。

（三）系统的安全风险分析

系统的安全是指整个局域网网络操作系统、网络硬件平台是否可靠且值得信任。

对于我国来说，没有绝对安全的操作系统可以选择，无论是微软的 Windows NT 或者其他任何商用 Unix/Linux 操作系统，其开发厂商必然有其后门。但是，可以对现有的操作平台进行安全配置、对操作和访问权限进行严格控制，提高系统的安全性。因此，不但要选用尽可能可靠的操作系统和硬件平台，而且，必须加强登录过程的认证（特别是在到达服务器主机之前的认证），确保用户的合法性；还应该严格限制登录者的操作权限，将其完成的操作限制在最小的范围内。

（四）应用的安全风险分析

应用系统的安全跟具体的应用有关，它涉及很多方面。应用系统的安全是动态的、不断变化的。应用的安全性也涉及信息的安全性，它包括很多方面。

应用系统的安全是动态的、不断变化的：应用的安全涉及面很广，以目前 Internet 上应用最为广泛的 E-mail 系统来说，其解决方案有几十种，但其系统内部的编码甚至编译器导致的 Bug 是很少有人能够发现的，因此有一套详尽的测试软件是相当必要的。但是应用系统是不断发展且应用类型是不断增加的，其结果是安全漏洞也是不断增加且隐藏得越来越深。因此，保证应用系统的安全也是一个随网络发展不断完善的过程。

应用的安全性涉及信息、数据的安全性：信息的安全性涉及机密信息泄露、未经授权的访问、破坏信息完整性、假冒、破坏系统的可用性等。由于企业局域网跨度不大，绝大部分重要信息都在内部传递，因此信息的机密性和完整性是可以保证的。对于有些特别重要的信息需要对内部进行保密的（如领导子网、财务子网传递的重要信息）可以考虑在应用级进行加密，针对具体的应用直接在应用系统开发时进行加密。

（五）管理的安全风险分析

管理是网络安全中最重要的部分。责权不明、管理混乱、安全管理制度不健全及缺乏可操作性等都可能引起管理安全的风险。

责权不明、管理混乱会使得一些员工或管理员随便让一些非本企业员工甚至外来人员进入机房重地，或者员工有意无意泄露其知道的一些重要信息，而管理上却没有相应制度来约束。

当网络出现攻击行为或网络受到其他一些安全威胁时（如内部人员的违规操作等），无法进行实时的检测、监控、报告与预警。事故发生后，也无法提供黑客攻击行为的追踪线索及破案依据，即缺乏对网络的可控性与可审查性。这就要求必须对站点的访问活动进行多层次的记录，及时发现非法入侵行为。

建立全新网络安全机制，必须深刻理解网络并能提供直接的解决方案，因此，最可行的做法是管理制度和管理解决方案的结合。

（六）黑客攻击

黑客的攻击行动是无时无刻不在进行的，而且会利用系统和管理上一切可能利用的漏洞。公开服务器存在漏洞的一个典型例证，是黑客可以轻易地骗过公开服务器软件，得到 Unix 的口令文件并将之送回。黑客侵入 Unix 服务器后，有可能修改特权，从普通用户变为高级用户，一旦成功，黑客可以直接进入口令文件。黑客还能开发欺骗程序，将其装入 Unix 服务器中，用以监听登录会话。当它发现有用户登录时，便开始存储一个文件，这样黑客就拥有了他人的账户和口令。这时为了防止黑客，需要设置公开服务器，使得它不离开自己的空间而进入另外的目录。另外，还应设置用户组特权，不允许任何使用公开服务器的人访问 WWW 页面文件以外的东西。可以综合采用防火墙技术、Web 页面保护技术、入侵检测技术、安全评估技术来保护网络内的信息资源，防止黑客攻击。

（七）病毒及恶意代码

计算机病毒一直是计算机安全的主要威胁。在 Internet 上传播的新型病毒十分猖獗，如通过 E-mail 传播的病毒。目前病毒的种类和传染方式也在增加，国际空间的病毒总数已达上万甚至更多。虽然在查看文档、浏览图像或在 Web 上填表都不用担心病毒感染，但是下载可执行文件和接收来历不明的 E-mail 文件时需要特别警惕，否则很容易使系统遭到严重的破坏。

恶意代码不限于病毒，还包括蠕虫、特洛伊木马、逻辑炸弹和其他未经同意安装的软件。应该加强对恶意代码的检测。

（八）内部员工的攻击

由于内部员工最熟悉服务器、小程序、脚本和系统的弱点，因此对于已经离职的员工，可以通过定期改变口令和删除系统记录以减少这类风险。但若有心怀不满的在职员工，则这些员工比已经离开的员工可能会造成更大的损失，如他们可以传出重要的信息、泄露安全信息、错误地进入数据库、删除数据等。

三、安全需求与安全目标

（一）安全需求

通过前面对企业局域网结构、应用及安全威胁分析，可以看出其安全问题主要集中在对服务器的安全保护、防黑客和病毒、重要网段的保护以及管理安全上。因此，必须采取相应的安全措施杜绝安全隐患，其中应该做到：公开服务器的安全保护，防止黑客从外部攻击，入侵检测与监控，信息审计与记录，病毒防护，数据安全保护，数据备份与恢复，网络的安全管理。

针对企业局域网系统的实际情况，在系统考虑如何解决上述安全问题的设计时应满足如下要求。

1. 大幅度地提高系统的安全性（重点是可用性和可控性）。

2. 保持网络原有的特点，即对网络的协议和传输具有很好的透明性，能透明接入，无须更改网络设置。

3. 易于操作、维护，并便于自动化管理，而不增加或少增加附加操作。

4. 尽量不影响原网络拓扑结构，同时便于系统及系统功能的扩展。

5. 安全保密系统具有较好的性能价格比，一次性投资，可以长期使用。

6. 安全产品具有合法性，经过国家有关管理部门的认可或认证。

7. 分步实施。

（二）安全策略

安全策略是指在一个特定的环境里，为保证提供一定级别的安全保护所必须遵守的规则。该安全策略模型包括了建立安全环境的以下三个重要组成部分。

1. 严格的法律

安全的基石是社会法律、法规与手段，这部分用于建立一套安全管理标准和方法，即通过建立与信息安全相关的法律、法规，使非法分子慑于法律，不敢轻举妄动。

2. 先进的技术

先进的安全技术是信息安全的根本保障，用户对自身面临的威胁进行风险评估，决定其需要的安全服务种类，选择相应的安全机制，然后集成先进的安全技术。

3. 严格的管理

各网络使用机构、企业和单位应建立适宜的信息安全管理办法，加强内部管理，建立审计和跟踪体系，提高整体信息安全意识。

（三）安全目标

基于以上的分析，人们认为企业局域网网络系统安全应该实现以下目标。

1. 建立一套完整可行的网络安全与网络管理策略。
2. 将内部网络、公开服务器网络和外网进行有效隔离，避免与外部网络的直接通信。
3. 建立网站各主机和服务器的安全保护措施，保证它们的系统安全。
4. 对网上服务请求内容进行控制，使非法访问在到达主机前被拒绝。
5. 加强合法用户的访问认证，同时将用户的访问权限控制在最低限度。
6. 全面监视对公开服务器的访问，及时发现和拒绝不安全的操作和黑客攻击行为。
7. 加强对各种访问的审计工作，详细记录对网络、公开服务器的访问行为，形成完整的系统日志。
8. 备份与灾难恢复——强化系统备份，实现系统快速恢复。
9. 加强网络安全管理，提高系统全体人员的网络安全意识和防范技术。

四、网络安全方案总体设计

（一）安全方案设计原则

在对这个企业局域网网络系统安全方案设计、规划时，应遵循以下原则。

1. 综合性、整体性原则

应用系统工程的观点、方法，分析网络的安全及具体措施。安全措施主要包括行政法律手段、各种管理制度(人员审查、工作流程、维护保障制度等)及专业措施(识别技术、存取控制、密码、低辐射、容错、防病毒、采用高安全产品等)。一个较好的安全措施往往是多种方法适当综合的应用结果。一个计算机网络包括个人、设备、软件、数据等。这些环节在网络中的地位和影响作用，也只有从系统综合整体的角度去看待、分析，才能取得有效、可行的措施，即计算机网络安全应遵循综合性、整体性原则，根据规定的安全策略制定出合理的网络安全体系结构。

2. 需求、风险、代价平衡的原则

对任一网络，绝对安全难以达到，也不一定是必要的。对一个网络进行实际的研究(包括任务、性能、结构、可靠性、可维护性等)，并对网络面临的威胁及可能承担的风险进行定性与定量相结合的分析，然后制定规范和措施，确定本系统的安全策略。

3. 一致性原则

一致性原则主要是指网络安全问题应与整个网络的工作周期(或生命周期)同时存在，制定的安全体系结构必须与网络的安全需求相一致。安全的网络系统设计（包括初步或详细设计）及实施计划、网络验证、验收、运行等，都要有安全的内容及措施。实际上，在网络建设的开始就考虑网络安全对策，比在网络建设好后再考虑安全措施要容易，且花费也少得多。

4. 易操作性原则

首先，安全措施需要人为去完成，如果措施过于复杂，对人的要求过高，本身就降低了安全性。其次，措施的采用不能影响系统的正常运行。

5. 分步实施原则

由于网络系统及其应用扩展范围广阔，随着网络规模的扩大及应用的增加，网络脆弱性也会不断增加。一劳永逸地解决网络安全问题是不现实的。同时由于实施信息安全措施需相当的费用支出，因此，分步实施即可满足网络系统及信息安全的基本需求，亦可节省费用开支。

6. 多重保护原则

任何安全措施都不是绝对安全的，都可能被攻破。但是建立一个多重保护系统，各层保护相互补充，当一层保护被攻破时，其他层仍可保护信息的安全。

7. 可评价性原则

如何预先评价一个安全设计并验证其网络的安全性，这需要通过国家有关网络信息安全测评认证机构的评估来实现。

（二）安全服务、机制与技术

安全服务：控制服务、对象认证服务、可靠性服务等。

安全机制：访问控制机制、认证机制等。

安全技术：防火墙技术、鉴别技术、审计监控技术、病毒防治技术等；在安全的开放环境中，用户可以使用各种安全应用。安全应用由一些安全服务来实现；而安全服务又是由各种安全机制或安全技术来实现的。应当指出，同一安全机制有时也可以用于实现不同的安全服务。

（三）网络安全设计方案

通过对网络的全面了解，按照安全策略的要求、风险分析的结果及整个网络的安全目标，整个网络措施应按系统体系建立。具体的安全控制系统由以下几方面组成：物理安全、网络结构安全、访问控制及安全审计、系统安全、信息安全、应用安全和安全管理。

1. 物理安全

保证计算机信息系统各种设备的物理安全是整个计算机信息系统安全的前提，物理安全是保护计算机网络设备、设施以及其他媒体免遭地震、水灾、火灾等环境事故以及人为操作失误或错误及各种计算机犯罪行为导致的破坏过程。它主要包括以下三方面。

环境安全：对系统所在环境的安全保护，如区域保护和灾难保护。

设备安全：主要包括设备的防盗、防毁、防电磁信息辐射泄漏、防线路截获、抗电磁干扰及电源保护等。

媒体安全：包括媒体数据的安全及媒体本身的安全。

在网络的安全方面，主要考虑两个大的层次：一是整个网络结构成熟化，主要是指优化网络结构；二是整个网络系统的安全。

2. 网络结构安全

网络结构的安全是安全系统成功建立的基础。在整个网络结构的安全方面，主要考虑网络结构、系统和路由的优化。

网络结构的建立要考虑环境、设备配置与应用情况、远程联网方式、通信量的估算、网络维护管理、网络应用与业务定位等因素。成熟的网络结构应具有开放性、标准化、可靠性、先进性和实用性，并且应该有结构化的设计，充分利用现有资源，具有运营管理的简便性，完善的安全保障体系。网络结构采用分层的体系结构，利于维护管理，利于更高的安全控制和业务发展。

网络结构的优化，在网络拓扑上主要考虑到冗余链路；防火墙的设置和入侵检测的实时监控等。

3. 访问控制及安全审计

审计是记录用户使用计算机网络系统进行所有活动的过程，它是提高安全性的重要工具。它不仅能够识别谁访问了系统，还能看出系统正被怎样使用。审计信息对于确定是否有网络攻击的情况，对于确定问题和攻击源很重要。同时，系统事件的记录能够更迅速和系统地识别问题，并且它是后面阶段事故处理的重要依据。另外，通过对安全事件的不断收集与积累并且加以分析，有选择性地对其中的某些站点或用户进行审计跟踪，以便对发现或可能产生的破坏性行为提供有力的证据。

4. 系统安全

系统的安全主要是指操作系统、应用系统的安全性以及网络硬件平台的可靠性。对于操作系统的安全防范可以采取如下策略。

(1)对操作系统进行安全配置，提高系统的安全性；系统内部调用不对 Internet 公开；关键性信息不直接公开，尽可能采用安全性高的操作系统。(2) 应用系统在开发时，采用规范化的开发过程，尽可能地减少应用系统的漏洞。(3) 网络上的服务器和网络设备尽可能不采取同一家的产品。(4) 通过专业的安全工具（安全检测系统）定期对网络进行安全评估。

5. 信息安全

在企业的局域网内，信息主要在内部传递，因此信息被窃听、篡改的可能性很小，是比较安全的。

6. 应用安全

在应用安全上，主要考虑通信的授权，传输的加密和审计记录。这必须加强登录过程的认证（特别是在到达服务器主机之前的认证），确保用户的合法性；然后应该严格限制登录者的操作权限，将其完成的操作限制在最小的范围内。另外，在加强主机的管理上，除了上面谈的访问控制和系统漏洞检测外，还可以采用访问存取控制，对权限进行分割和管理。应用安全平台要加强资源目录管理和授权管理、传输加密、审计记录和安全管理。对应用安全，主要考虑确定不同服务的应用软件并紧密监控其漏洞；对扫描软件不断升级。

7. 安全管理

为了保护网络的安全性，除了在网络设计上增加安全服务功能，完善系统的安全保密措施外，安全管理规范也是网络安全所必需的。安全管理策略一方面从纯粹的管理上即安全管理规范来实现，另一方面从技术上建立高效的管理平台(包括网络管理和安全管理)。

安全管理策略主要有：定义完善的安全管理模型；建立长远的并且可实施的安全策略；彻底贯彻规范的安全防范措施；建立恰当的安全评估尺度，并且进行经常性的规则审核。

（1）安全管理规范

面对网络安全的脆弱性，除了在网络设计上增加安全服务功能，完善系统的安全保密措施外，还必须加强网络安全管理规范的建立，因为诸多的不安全因素恰恰反映在组织管理和人员录用等方面，而这又是计算机网络安全所必须考虑的基本问题，所以应引起各计算机网络应用部门领导的重视。

网络信息系统的安全管理主要基于三个原则，即多人负责原则、任期有限原则、职责分离原则。

多人负责原则：每一项与安全有关的活动，都必须有两人或多人在场。这些人应是系统主管领导指派的，他们忠诚可靠，能胜任此项工作；他们应该签署工作情况记录以证明安全工作已得到保障。

任期有限原则：一般来讲，最好不要使同一个人长期担任与安全有关的职务，以免使其认为这个职务是专有的或永久性的。为遵循任期有限原则，工作人员应不定期地循环任职，强制实行休假制度，并规定对工作人员进行轮流培训，以使任期有限制度切实可行。

职责分离原则：在信息处理系统工作的人员不要打听、了解或参与职责以外的任何与安全有关的事情，除非系统主管领导批准。

（2）安全管理实现

信息系统的安全管理部门应根据管理原则和该系统处理数据的保密性，制定相应的管理制度或采用相应的规范。具体工作有如下几点：①根据工作的重要程度，确定该系统的安全等级；②根据确定的安全等级，确定安全管理的范围；③制定相应的机房出入管理制度，对于安全等级要求较高的系统，要实行分区控制，限制工作人员出入与己无关的区域，出入管理可采用证件识别或安装自动识别登记系统，采用磁卡、身份卡等手段，对人员进行识别、登记管理；④制定严格的操作规程，操作规程要根据职责分离和多人负责的原则，各负其责，不能超越自己的管辖范围；⑤制定完备的系统维护制度，对系统进行维护时，应采取数据保护措施，如数据备份等，维护时要首先经主管部门批准，并有安全管理人员在场，故障的原因、维护内容和维护前后的情况要详细记录；⑥制定应急措施，要制定系统在紧急情况下，如何尽快恢复的应急措施，使损失减至最小，建立人员雇用和解聘制度，对工作调动和离职人员要及时调整相应的授权。

第六章　无线网络安全

第一节　无线网络技术发展

计算机技术的突飞猛进让人们对现实应用有了更高的期望。

千兆网络技术刚刚与人们会面，无线网络技术又悄悄地逼近。不可否认，性能与便捷性始终是 IT 技术发展的两大方向标，而产品在便捷性上的突破往往来得更加迟缓，需要攻克的技术难关更多，也因此更加弥足珍贵。

大多数的网络都仍旧是有线的架构，但是近年来无线网络的应用却日渐增加。在学术界、医疗界、制造业、仓储业等，无线网络扮演着越来越重要的角色。特别是当无线网络技术与 Internet 相结合时，其迸发出的能力是所有人都无法估计的。其实，人们也不能完全认为自己从来没有接触过无线网络。从概念上理解，红外线传输也可以认为是一种无线网络技术，只不过红外线只能进行数据传输，而不能组网罢了。此外，射频无线鼠标、WAP 手机上网等都具有无线网络的特征。

无线网络技术涵盖的范围很广，既包括允许用户建立远距离无线连接的全球语音和数据网络，也包括为近距离无线连接进行优化的红外线技术及射频技术。通常用于无线网络的设备包括便携式计算机、台式计算机、手持计算机、个人数字助理(PDA)、移动电话、笔式计算机和寻呼机等。无线网络技术可用于多种实际用途。例如，手机用户可以使用移动电话来查看电子邮件；使用便携式计算机的旅客可以通过安装在机场、火车站和其他公共场所的基站连接到 Internet；在家中，用户则可以通过连接桌面设备来同步数据和收发文件。

为了降低成本、保证互操作性并促进无线技术的广泛应用，许多组织（如电气电子工程师协会（IEEE）、Internet 工程任务组（IETF）、无线以太网兼容性联盟（WECA）和国际电信联盟（ITU））都参与了若干主要的标准化工作。例如，IEEE 工作组正在定义如何将信息从一台设备传送到另一台设备(如是使用无线电波还是使用红外光波)，以及怎样、何时使用传输介质进行通信。在开发无线网络标准时，有些组织（如 IEEE）着重于电源管理、带宽、安全性和其他无线网络等特有的问题，而另外一些组织则专注于其他方面的问题。

一、无线网络

（一）无线网络概念

当前网络技术飞速发展，建立网络不只是简单地将计算机在物理上连接起来，而是要合理地规划和设计整个网络系统，充分利用现在的各种资源，建立遵循标准的高效可靠且具有扩充性的网络系统。

一般来讲，凡是采用无线传输媒体的计算机网都可称为无线网络。为区别于以往的低速网络，这里所指的无线网特指传输速率高于 1Mb 的无线计算机网络。

目前，有线网和无线网的各种高速网络传输标准不断形成，智能化网络专用设备和网络管理系统的普遍应用，提高了网络性能和网络管理能力，并且网络容错技术更加成熟，增加了网络的抗故障能力，出现了众多成熟的网络容错设备和系统，而性能价格比极高的网络交换技术及相应产品的出现，则极大地提高了现有网络带宽的利用率，使得网络吞吐量得到显著改善，从而彻底改变了无线网络的面貌。

1.有线组网

目前，局域网互联的传输介质往往是有线介质，这些有线介质在不同的方面存在一定的问题。例如，拨号线的传输速率较低，年租用费高，而采用双绞线、同轴电缆和光纤远程联网的方案，则存在铺设费用高、施工周期长、无法移动、变更余地小、维护成本高和覆盖面积小等诸多不利的问题。

2.无线网络

随着通信事业的高速发展，无线网络进入了一个新的天地，其有标准做基础、功能强、容易安装、组网灵活、即插即用的网络连接和可移动性等优点，提供了不受限制的应用。网络管理人员可以迅速而容易地将它加入现有的网络中运行。无线数据通信已逐渐成为一种重要的通信方式。

总之，无线数据通信不仅可以作为有线数据通信的补充及延伸，而且还可以与有线网络环境互为备份。在某种特殊环境下，无线通信是主要的甚至唯一的可行的通信方式。从通信方式上考虑，多元化通信方式是现代化通信网络的重要特征。

（二）无线网络特点

1.传输方式

传输方式涉及无线网络采用的传输媒体、选择的频段及调制方式。

目前，无线网采用的传输媒体主要有两种，即无线电波与红外线。采用无线电波作为传输媒体的无线网络依调制方式不同，又可分为扩展频谱方式与窄带调制方式。

（1）扩展频谱方式

在扩展频谱方式中，数据基带信号的频谱被扩展至几倍至几十倍后再被搬移至射频发射出去。这一做法虽然牺牲了频带带宽，却提高了通信系统的抗干扰能力和安全性。由于单位频带内的功率降低，因此它对其他电子设备的干扰也就减小了。

采用扩展频谱方式的无线局域网一般选择所谓 ISM 频段，这里 ISM 分别取于 Industrial、Scientific 及 Medical 的第一个字母。许多工业、科研和医疗设备辐射的能量集中于该频段。

（2）窄带调制方式

在窄带调制方式中，数据基带信号的频谱不做任何扩展即被直接搬移到射频发射出去。

与扩展频谱方式相比，窄带调制方式占用频带少，频带利用率高。采用窄带调制方式的无线局域网一般选用专用频段，需要经过国家无线电管理部门的许可方可使用。当然，也可选用 ISM 频段，这样可免去向无线电管理委员会申请。但带来的问题是，当邻近的仪器设备或通信设备也在使用这一频段时，会严重影响通信质量，通信的可靠性无法得到保障。

（3）红外线方式

基于红外线的传输技术最近几年有了很大发展。目前，广泛使用的家电遥控器几乎都是采用红外线传输技术。作为无线局域网的传输方式，红外线的最大优点是这种传输方式不受无线电干扰，且红外线的使用不受国家无线电管理委员会的限制。然而，红外线对非透明物体的透过性极差，这导致传输距离受限。

2. 网络拓扑

无线局域网的拓扑结构可归结为两类：无中心或对等式（Peer to Peer）拓扑和有中心（HUB-Based）拓扑。

（1）无中心拓扑

无中心拓扑的网络要求网中任意两个站点均可直接通信。

采用这种拓扑结构的网络一般是用公用广播信道，各站点都可竞争公用信道，而信道接入控制（MAC）协议大多采用 CSMA（载波监测多址接入）类型的多址接入协议。

这种结构的优点是网络抗毁性好、建网容易且费用较低。但当网中用户数（站点数）过多时，信道竞争成为限制网络性能的要害。并且为了满足任意两个站点可直接通信，网络中站点布局受环境限制较大。因此，这种拓扑结构适用于用户相对较少的工作群网络规模。

（2）有中心拓扑

在有中心拓扑结构中，要求使用一个无线站点充当中心站，所有站点对网络的访问均由其控制。

这样，当网络业务量增大时网络吞吐性能及网络时延性能的恶化并不剧烈。由于每个站点只须在中心站覆盖范围之内就可与其他站点通信，故网络中点站布局受环境限制较小。此外，中心站为接入有线主干网提供了一个逻辑接入点。

有中心网络拓扑结构的弱点是抗毁性差，中心点的故障容易导致整个网络瘫痪，并且中心站点的引入增加了网络成本。

在实际应用中，无线网络往往与有线主干网络结合起来使用。这时，中心站点就充当了无线网与有线主干网的转接器。

3. 网络接口

这涉及无线网中站点从哪一层接入整个网络系统的问题。一般来讲，网络接口可以选择在 OSI 参考模型中的物理层或数据链路层。

所谓物理层接口是指使用无线信道替代通常的有线信道，而物理层以上各层不变。这样做的最大优点是上层的网络操作系统及相应的驱动程序可不做任何修改。这种接口方法在使用时一般以有线网的集线器和无线转发器来实现有线局域网间互联或扩大有线局域网的覆盖面积。

另一种接口方法是从数据链路层接入网络。这种接口方法并不沿用有线局域网的 MCA 协议，而采用更适合无线传输环境的 MAC 协议。在实现时，MAC 层及其以下层对上层是透明的，配置相应的驱动程序来完成与上层的接口，这样可保证现有的有线局域网操作系统或应用软件可在无线局域网上正常运转。

目前，大部分无线局域网厂商都采用数据链路层接口方法。

二、无线网络分类

根据数据传输的距离可将无线网络分为以下几种类型。

（一）无线广域网（WWAN）

WWAN 技术可使用户通过远程公用网络或专用网络建立无线网络连接。通过使用由无线服务提供商负责维护的若干天线基站或卫星系统，这些连接可以覆盖广大的地理区域，例如，若干城市或者国家（地区）。

（二）无线城域网（WMAN）

WMAN 技术使用户可以在城区的多个场所之间创建无线连接（例如，在一个城市或大学校园的多个办公楼之间），而不必花费高昂的费用铺设光缆、铜质电缆和租用线路。此外，当有线网络的主要租赁线路不能使用时，WMAN 还可以作为备用网络使用。WMAN 使用无线电波或红外光波传送数据。由于为用户提供高速 Internet 接入的宽带无线接入网络的需求量正在日益增长，因此 WMAN 的相关技术也在不断进步。

尽管目前正在使用各种不同技术，例如多路多点分布服务（MMDS）和本地多点分布服务（LMDS），但负责制定宽带无线访问标准的 IEEE 802.16 工作组仍在开发规范以便实现这些技术的标准化。

（三）无线局域网（WLAN）

WLAN 技术可以使用户在本地创建无线连接（例如，在公司或校园的大楼里，或在某个公共场所，如机场等）。WLAN 可用于临时办公室或其他无法大范围布线的场所，或者用于增强现有的 LAN，使用户可以在不同的时间、在办公楼的不同地方工作。WLAN 以两种不同方式运行：在基础结构的 WLAN 中，无线站（具有无线电网卡或外置调制解调器的设备）连接到无线接入点，后者在无线站与现有网络中枢之间起到桥梁作用；而在点对点（临时）的 WLAN 中，有限区域（如会议室）内的几个用户可以在不需要访问网络资源时建立临时网络，而无须使用接入点。

（四）无线个人网（WPAN）

WPAN 技术使用户能够为个人操作空间（POS）设备（如 PDA、移动电话和笔记本电脑等）创建临时无线通信。POS 指的是以个人为中心，最大距离为 10m 的一个空间范围。目前，两个主要的 WPAN 技术是"Bluetooth"（蓝牙）和红外线。"Bluetooth"是一种电缆替代技术，可以在 9m 以内使用无线电波来传送数据。Bluetooth 让数据可以穿过墙壁、口袋和公文包进行传输。

三、无线网络技术

下面详细介绍在广域网（分为窄带广域网和宽带广域网）和局域网中使用的几种重要的无线网络技术。

（一）窄带广域网

1.HSCSD（高速线路交换数据）

HSCSD 是为无线用户提供的无线数据传输方式，它的速度比 GSM 通信标准的速率快 4 倍，可以和使用固定电话线的调制解调器的用户相比。当前，GSM 网络单个信道在每个时隙只能支持 1 个用户，而 HSCSD 通过允许 1 个用户在同一时间内同时访问多个信道来大幅改进数据访问速率（但美中不足的是，这会导致用户成本的增加）。

2.GPRS（多时隙通用分组无线业务）

GPRS 是一种很容易与 IP 接口的分组交换业务，并且能够传送话音和数据。该技术是当前提高 Internet 接入速度的热门技术，而且还有可能被应用在广域网中。GPRS 又被认为是 GSM 的第 2 阶段增强（GSM Phase2+）接入技术。GPRS 虽是 GSM 上的分组数据传输标准，但也可和IS-136标准结合使用。随着Internet的发展和蜂窝移动通信网络的普及，

GSM 的发展有目共睹，因而 GPRS 技术的前景也十分广阔。GPRS 是 GSM 的一项新的承载业务，提高并简化了无线数据接入分组网络的方式，分组数据可直接在 GSM 基站和其他分组网络之间传输。它具有接入时间短、速率高的特点。由于它是分组方式的，因此可以按字节数来计费，这些和传统的拨号接入时间长、按电路持续时间计费有明显不同。同时, GPRS 网是 GSM 上的分组网，它实际上又是 Internet 的一个子网。在 GPRS 的支持下，GSM 可以提供：E-mail、网页浏览、增强的短消息业务、即时的无线图像传送、寻像业务、文本共享、监视、Voice over Internet、广播业务等。由于它采用的是分组技术，因而与传统的无线电路业务在实施上有完全不同的特点。

3.CDPD（蜂窝数字分组数据）

CDPD 采用分组数据方式，是目前公认的最佳无线公共网络数据通信规程。它是一种建立在 TCP/IP 基础上的开放系统结构，将开放式接口、高传输速度、用户单元确定、空中链路加密、空中数据加密、压缩数据纠错及重发和世界标准的 IP 寻址模式无线接入有机地结合在一起，提供同层网络的无缝链接和多协议网络服务等。

4.EDGE 和 UMTS

EDGE 是一种有效提高了 GPRS 信道编码效率的高速移动数据标准，数据传输速率高达 384kB/S，可以充分满足未来无线多媒体应用的带宽需求。EDGE 是为无法得到 UMTS 频谱的移动网络运营商而设计的，它提供一个从 GPRS 到 UMTS 的过渡性方案，从而使现有的网络运营商可以最大限度地利用现有的无线网络设备，在第三代移动网络商业化之前提前为用户提供个人多媒体通信业务。

UMTS 除支持现有的一些固定和移动业务外，还提供全新的交互式多媒体业务。UMTS 使用 ITU 分配的、适用于陆地和卫星无线通信的频带。它可通过移动或固定、公用或专用网络接入，与 GSM 和 IP 兼容。

（二）宽带广域网

1.LMDS（本地多点分配业务）

它是一种微波的宽带业务，工作在 28GHz 附近频段，在较近的距离实现双向传输话音、数据和图像等信息。LMDS 采用一种类似蜂窝的服务区结构，将一个需要提供业务的地区划分为若干服务区，每个服务区内设基站，基站设备经点到多点的无线链路与服务区内的用户端通信。每个服务区覆盖范围为几千米至十几千米，并可相互重叠。

2.SCDMA（同步码分多址接入）

无线用户环路系统是国际上第一套同时应用智能无线（Smart Antenna）技术、采用 SWAP 空间信令，并利用软件无线电（Software Radio）实现的同步 CDMA（Syn-chronons CDMA）无线通信系统。系统由基站控制器、无线基站、用户终端（多用户固定台、少用户固定台、单用户固定台及手持机等）和网络管理设备等组成。单基站工作在一个给定的载波频率，占用 0.5MHz 带宽，主要功能是完成与基站控制器或交换机的有线连接以及与用户终端的无线连接。基站和基站控制器通过 E1 接口（2MB/S）以 R2 或 V5 接口信号接入 PSTN（Public Switched Telephone Network）网。基站与用户终端的空中接口则使用 SWAP 信令，以无线方式为用户提供话音、传真和低速数据业务。多用户终端还具有内部交换功能（即同一多用户固定台的用户彼此呼叫不占用空中码道）。网络管理设备完成系统的配置管理、故障管理、数据维护及安全管理等功能。

3.WCDMA（宽带分码多工存取）

WCDMA 全名是 Wideband CDMA，它可支持 384kB/S 到 2MB/S 不等的数据传输速率，在高速移动状态下，可提供 384kB/S 的传输速率，在低速移动或是室内环境下，则可提供高达 2MB/S 的传输速率。此外，在同一传输通道中，它还可以提供电路交换和分包交换的服务，因此，消费者可以同时利用交换方式接听电话，然后以分包交换方式访问 Internet。这样的技术可以提高移动电话的使用效率，可以超越在同一时间只能做语音或数据传输的服务限制。

（三）局域网

1.IEEE802.11

当时规定了一些诸如介质接入控制层功能、漫游功能、自动速率选择功能、电源消耗管理功能、保密功能等，除原 IEEE802.11 的内容之外，增加了基于 SNMP（简单网络管理协议）的管理信息库（MIB），以取代原 OSI 协议的管理信息库，另外还增加了高速网络内容。IEEE802.11 分 a 和 b 两种。IEEE802.11a 规定的频点为 5GHz，用正交频分复用技术（OFDM）来调制数据流。OFDM 技术的最大优势是其无与伦比的多途径回声反射。因此，特别适合于室内及移动环境；而 IEEE802.11b 工作于 2.4GHz 频点，采用补偿码键控 CCK 调制技术。当工作站之间的距离过长或干扰过大，信噪比低于某个限值时，其传输速率可从 11 MB/S 自动降至 5.5MB/S，或者再降至直接序列扩频技术的 2MB/S 及 1MB/S 的传输速率。

2.Bluetooth（蓝牙）

这种系统是使用扩频（spread spectrum）技术，在携带型装置和区域网络之间提供一个快速而安全的短距离无线电连接。它提供的服务包括网际网络（Internet），电子邮件、影像和数据传输以及语音应用等，延伸容纳于三个并行传输的 64kB/S PCM 通道中，提供 1MB/S 的流量。蓝牙无线技术既支持点到点连接，又支持点到多点的连接。蕴藏在笔记本电脑、Palm 和 PDA、Windows CE 设备、蜂窝手机、PCS 电话及其他外设的转发设备中，可以使这些设备在各种网络环境中进行互联通信。现在的规范允许七个"从属"设备和一个"主"设备进行通信。而几个这样的小网络（piconet）也可以连接在一起，通过灵活的配置彼此进行沟通。

3.IrDA—红外数据传输

IrDA 是国际红外数据协会的英文缩写，IrDA 相继制定了很多红外通信协议，有侧重于传输速率方面的，有侧重于低功耗方面的，也有二者兼顾的。IrDA1.0 协议基于异步收发器 UART，最高通信速率在 115.2KB/S，简称 SIR（Serial Infrared，串行红外协议），采用 3/16 ENDEC编/解码机制。IrDA1.1 协议提高通信速率到 4MB/S，简称快速红外协议(Fast Infrared，FIR)，采用 4PPM（Pulse Position Modulation，脉冲相位调制）编译码机制，同时在低速时保留 1.0 协议规定。之后，IrDA 又推出了最高通信速率在 16MB/S 的协议，简称特速红外协议（Very Fast Infrared，VFIR）。

IrDA 传输标准的特点为：红外传输距离在几厘米到几十米，发射角度通常在 0°～15°，发射强度与接收灵敏度因不同器件不同应用设计而强弱不一。使用时只能以半双工方式进行红外通信。

比较一下以上几种协议，不难看出，只有 IEEE802.11 适合组建无线局域网，因为它的传输速率要远高于 Bluetooth. 不过恐怕 IrDA 有被 Bluetooth 代替的可能，因为 IrDA 只能点对点进行传输，而 Bluetooth 可一点对多点，并且传输速度也远高于 IrDA。

四、无线网络应用

在国内，WLAN 的技术和产品在实际应用领域还是比较新的。但是，无线网络由于其不可替代的优点，将被迅速地应用于需要在移动中联网和在网间漫游的场合，并在不易布线的地方和远距离的数据处理节点提供强大的网络支持。特别是在一些行业中，WLAN 将会有更大的发展机会。

（一）石油工业

无线网络连接可提供从钻井平台到压缩机房的数据链路，以便显示和输入由钻井获取的重要数据。海上钻井平台由于宽大的水域阻隔，数据和资料的传输比较困难，铺设光缆费用很高，施工难度很大。而使用无线网络技术，费用不及铺设光缆的十分之一，而且效率高，质量好。

（二）医护管理

现在很多医院都有大量的计算机病人监护设备、计算机控制的医疗装置和药品等库存计算机管理系统。利用 WLAN，医生和护士在设置计算机专线的病房、诊室或急救中进行会诊、查房、手术时可以不必携带沉重的病历，而可使用笔记本电脑、PDA 等实时记录医嘱，并传递处理意见，查询病人病历和检索药品等。

（三）工厂车间

工厂往往不能铺设连到计算机的电缆，在加固混凝土的地板下面也无法铺设电缆，空中起重机使人很难在空中布线，零配件及货运通道也不便在地面布线。在这种情况下，应用 WLAN，技术人员便可在进行检修、更改产品设计、讨论工程方案时的任何地方查阅技术档案、发出技术指令、请求技术支援等，甚至和厂外专家讨论问题。

（四）库存控制

仓库零配件以及货物的发送和储存注册可以使用无线链路直接将条形码阅览器、笔记本计算机和中央处理计算机连接，以进行清查货物、更新存储记录和出具清单等工作。

（五）展览和会议

在大型会议和展览等临时场合，WLAN 可使工作人员在极短的时间内，方便地得到计算机网络的服务，和 Internet 连接并获得所需要的资料，也可以使用移动计算机互通信息、传递稿件和制作报告等。

（六）金融服务

银行和证券、期货交易业务可以通过无线网络的支持将各机构相连。即使已经有了有线计算机网络，为了避免由于线路等原因出现的故障，仍需要使用无线计算机网络作为备份。在证券和期货交易业务中的价格以及"买"和"卖"的信息变化极为迅速频繁，利用手持通信设备输入信息，通过计算机无线网络迅速传递到计算机、报价服务系统和交易大厅的显示板上，管理员、经纪人和交易者便可以迅速利用信息进行管理或利用手持通信设备直接进行交易。从而避免了由于手势、送话器、人工录入等方式而产生的不准确信息和时间延误所造成的损失。

（七）旅游服务

旅馆采用 WLAN，可以做到随时随地为顾客进行及时周到的服务。登记和记账系统一经建立，顾客无论在区域范围内的任何地点进行任何活动，如在酒吧、健身房、娱乐厅或餐厅等，都以通过服务员的手持通信终端来更新记账系统，而不必等待复杂的核算系统的结果。

（八）办公系统

在办公环境中使用 WLAN，可以使办公用计算机具有移动能力，在网络范围内可实现计算机漫游。各种业务人员、部门负责人和工程技术专家，只要有移动终端或笔记本电脑，无论是在办公室、资料室、洽谈室，甚至在宿舍都可通过 WLAN 随时查阅资料、获取信息。领导和管理人员可以在网络范围的任何地点发布指示、通知事项、联系业务等。也就是说可以随时随地进行移动办公。

可以预见，随着开放办公的流行和手持设备的普及，人们对移动性访问和存储信息的需求越来越多，因而 WLAN 将会在办公、生产和家庭等领域不断获得更加广泛的应用。

第二节　无线网络安全威胁

无线网络的应用扩展了用户的自由度，还具有安装时间短，增加用户或更改网络结构方便、灵活、经济，可以提供无线覆盖范围内的全功能漫游服务等优势。然而，无线网络技术为人们带来极大方便的同时，安全问题也已经成为阻碍无线网络技术应用普及的一个主要障碍，从而引起了广泛关注。

一、无线网络结构

无线局域网由无线网卡、无线接入点（AP）、计算机和有关设备组成，采用单元结构，将整个系统分成多个单元，每个单元称为一个基本服务组（BSS），BSS 的组成有以下三种方式：无中心的分布对等方式、有中心的集中控制方式以及这两种方式的混合方式。

在分布对等方式下，无线网络中的任意两站之间可以直接通信，无须设置中心转接站。这时，MAC 控制功能由各站分布管理。

在集中控制方式情况下，无线网络中设置一个中心控制站，主要完成 MAC 控制以及信道的分配等功能。网内的其他各站在该中心的协调下实现与其他各站通信。

第三种方式是前两种方式的组合，即分布式与集中式的混合方式。在这种方式下，网络中的任意两站均可以直接通信，而中心控制站只是完成部分无线信道资源的控制。

二、无线网络安全隐患

由于无线网络通过无线电波在空中传输数据，在数据发射机覆盖区域内的几乎所有的无线网络用户都能接触到这些数据。只要具有相同的接收频率就可能获取所传递的信息。要将无线网络环境中传递的数据仅仅传送给一个目标接收者是不可能的。另外，由于无线移动设备在存储能力、计算能力和电源供电时间方面的局限性，使得原来在有线环境下的许多安全方案和安全技术不能直接应用于无线环境，例如，防火墙对通过无线电波进行的网络通信起不了作用，任何人在区域范围之内都可以截获和插入数据。计算量大的加密／解密算法不适宜用于移动设备等。因此，需要研究新的适合于无线网络环境的安全理论、安全方法和安全技术。

与有线网络相比，无线网络所面临的安全威胁更加严重。所有常规有线网络中存在的安全威胁和隐患都依然存在于无线网络中：外部人员可以通过无线网络绕过防火墙，对专用网络进行非授权访问；无线网络传输的信息容易被窃取、篡改和插入；无线网络容易受到拒绝服务攻击（DoS）和干扰；内部员工可以设置无线网卡以端对端模式与外部员工直接连接等。此外，无线网络的安全技术相对比较新，安全产品还比较少。以无线局域网（WLAN）为例，移动节点，AP（Access Point）等每一个实体都有可能是攻击对象或攻击者。由于无线网络在移动设备和传输媒介方面的特殊性，使得一些攻击更容易实施，因此对无线网络安全技术的研究比有线网络的限制更多，难度更大。

无线网络在信息安全方面有着与有线网络不同的特点，具体表现在以下几方面。

（一）无线网络的开放性使得其更容易受到恶意攻击

无线局域网非常容易被发现，为了能够使用户发现无线网络的存在，网络必须发送有特定参数的信标帧，这样就给攻击者提供了必要的网络信息。入侵者可以通过高灵敏度天线从公路边、楼宇中以及其他任何地方对无线网络发起攻击而不需要任何物理方式的侵入。因为任何人的计算机都可以通过自己购买的 AP，不经过任何授权而直接连入网络。很多部门未通过公司 IT 中心授权就自建无线局域网，用户通过非法 AP 接入也给网络带来很大安全隐患。

（二）无线网络的移动性使得安全管理难度更大

有线网络的用户终端与接入设备之间通过线缆连接着，终端不能在大范围内移动，对用户的管理还比较容易。而无线网络终端不仅可以在较大范围内移动，而且还可以跨区域漫游，这意味着移动节点没有足够的物理防护，从而很容易被窃听、破坏和劫持。攻击者可能在任何位置通过移动设备实施攻击，而在全球范围内跟踪一个特定的移动节点是很难做到的。另外，通过网络内部已经被入侵的节点实施攻击而造成的破坏将会更大，更难被检测到。因此，对无线网络移动终端的管理要困难得多，无线网络的移动性带来了新的安全管理问题，移动节点及其体系结构的安全性更加脆弱。

（三）无线网络动态变化的拓扑结构使得安全方案的实施难度更大

有线网络具有固定的拓扑结构，安全技术和方案比较容易实现。而在无线网络环境中，动态的、变化的拓扑结构，缺乏集中管理机制，使得安全技术更加复杂。另外，无线网络环境中作出的许多决策是分散的，而许多网络算法必须依赖所有节点的共同参与和协做才能实现。缺乏集中管理机制意味着攻击者可能利用这一弱点实施新的攻击以破坏协作算法。

（四）无线网络传输信号的不稳定性带来无线通信网络的鲁棒性问题

有线网络的传输环境是确定的，信号质量稳定，而无线网络随着用户的移动其信道特性是变化的，会受到干扰、衰落、多径、多普勒频谱等多方面的影响，从而造成信号质量波动较大，甚至无法进行通信。因此，无线网络传输信道的不稳定性带来了无线通信网络的鲁棒性问题。

此外，移动计算引入了新的计算和通信行为，这些行为在固定或有线网络中很少出现。例如，移动用户通信能力不足，其原因是链路速度慢、带宽有限、成本较高、电池能量有限等，而无连接操作和依靠地址运行的情况只出现在移动无线环境中。因此，有线网络中的安全措施不能对付基于这些新的应用而产生的攻击。无线网络的脆弱性是由于其媒体的开放性、终端的移动性、动态变化的网络拓扑结构、协作算法、缺乏集中监视和管理点以及没有明确的防线造成的。因此，在无线网络环境中，在设计实现一个完善的无线网络系统时，除了考虑在无线传输信道上提供完善的移动环境下的多业务服务平台外，还必须考虑其安全方案的设计，这包括用户接入控制设计、用户身份认证方案设计、用户证书管理系统的设计、密钥协商及密钥管理方案的设计等。

基于上面的分析，因此在无线网络（主要是无线局域网）中，经常会遇到以下的一些保密性问题。

1. 信息的窃听 / 截收

由于无线局域网使用 2.4G 范围的无线电波进行网络通信，任何人都可用一台带无线网卡的 PC 机或者廉价的无线扫描器进行窃听。为了符合 802.11b 标准，无线网卡必须工作在全杂乱模式（Full Promiscuous Mode）下才能监听到整个网络的通信。这类似于有线局域网中以太网的 Sniffer。无线局域网的不同之处在于要截收电文，可以不必添加任何具体的东西。

2. 数据的修改 / 替换

"数据的修改或替换"需要改变节点之间传送信息或抑制信息并加入替换数据，由于使用了共享媒体，这在任何局域网中都是很难办到的。但是，在共享媒体上，功率较大的局域网节点可以压过另外的节点，从而产生伪数据。如果某一攻击者在数据通过节点之间的时候对其进行修改或替换，那么信息的完整性就丢失了（打个比方，就像一间房子挤满了讲话的人，假定 A 总是等待其旁边的 B 开始讲话。当 B 开始讲话时，A 开始大声模仿 B 讲话，从而压过 B 的声音。房间里的其他人只能听到声音较高的 A 的讲话，但他们认为他们听到的声音来自 B）。采用这种方式替换数据在无线局域网上要比在有线网上更容易些。利用增加功率或定向天线可以很容易地使某一节点的功率压过另一节点。较强的节点可以屏蔽较弱的节点，用自己的数据取代，甚至会出现其他节点忽略较弱节点的情况。

3. 伪装

伪装即某一节点冒充另一节点。尽管这在数据替换的过程中同样发生，但伪装更容易些，因为被冒充的节点不在附近。由于被冒充的节点并没有发送信息，伪装的节点就不必急于阻止其他发送。通过改换自己的标识，因而可以很容易地冒充另一节点。伪装出现的原因是因为某些网络服务的允许与否是根据请求节点的地址来决定的。对于无线局域网来说，从事伪装会更容易些，这是因为不必与网络进行实际连接。这样，在无线局域网的工作范围之内，攻击是可以来自任何节点的。

4. 干扰/抑制

（1）监视数据

不怕麻烦地监视无线局域网的数据，或者试图改变它，或者假冒它来自另一个源，所有这些均是有意的、试图破坏保密性的行为。然而，最令人头疼的很可能是纯粹无意的行为——来自其他电磁辐射的干扰。

（2）噪声或其他形式的干扰

可阻碍节点之间的接收，会使整个传输过程瘫痪，进而使信息系统彻底失效。根据所用无线局域网的类型，许多干扰都可影响用户。附近办公室的另一个无线局域网可以屏蔽用户的局域网，办公室的微波炉也能如此。干扰使误码率上升，从而导致网络流通速度降低，因为信息必须重新发送。在某些地方，无线节点之间的通信可能全部终止。

（3）蓄意干扰，或者抑制

就是有意制造电磁辐射破坏通信。其效果同样可使局域网瘫痪，或者至少是性能下降。

5. 无线 AP 欺诈

无线 AP 欺诈是指在 WLAN 覆盖范围内秘密安装无线 AP，窃取通信、WEP 共享密钥、SSID、MAC 地址、认证请求和随机认证响应等保密信息的恶意行为。为了实现无线 AP 的欺诈目的，须先利用 WLAN 的探测和定位工具，获得合法无线 AP 的 SSID、信号强度、是否加密等信息。然后根据信号强度将欺诈无线 AP 秘密安装到合适的位置，确保无线客户端可在合法 AP 和欺诈 AP 之间切换，当然还需要将欺诈 AP 的 SSID 设置成合法的无线 AP 的 SSID 值。

三、无线网络主要信息安全技术

（一）扩频技术

扩展频谱通信（Spread Spectrum Communication）简称扩频通信。扩频通信的基本特征是使用比发送的信息数据速率高许多倍的伪随机码把载有信息数据的基带信号的频谱进行扩展，形成宽带的低功率密度的信号来发射。香农（Shannon）在信息论的研究中得出了信道容量的公式：

$$C = W \log_2(1 + P/N)$$

这个公式指出：如果信息传输速率 C 不变，则带宽 W 和信噪比 P/N 是可以互换的，就是说增加带宽就可以在较低的信噪比的情况下以相同的信息率来可靠地传输信息，也就是可以用扩频方法以宽带传输信息来换取信噪比上的好处。这就是扩频通信的基本思想和理论依据。

扩频技术是军方为了通信安全而首先提出的。它从一开始就被设计成为驻留在噪声中，一直干扰和越权接收的。扩频传输是将非常低的能量在一系列的频率范围中发送，明显地区别于窄带的无线电技术的集中所有能量在一个信号频率中的方式进行传输。通常有几种方法来实现扩频传输，最常用的是直序扩频和跳频扩频技术。

一些无线局域网产品在 ISM 波段的 $2.4 \sim 2.4835$GHz 范围内传输信号，在这个范围内可以得到 79 个隔离的不同通道，无线信号被发送到成为随机序列排列的每一个通道上（如通道 1，32，67，42，…）。无线电波每秒钟变换频率许多次，将无线信号按顺序发送到每一个通道上，并在每一通道上停留固定的时间，在转换前要覆盖所有通道。如果不知道在每一通道上停留的时间和跳频图案，系统外的站点要接收和译码数据几乎是不可能的。使用不同的跳频图案、驻留时间和通道数量可以使相邻的不相交的几个无线网络之间没有相互干扰，也就不用担心网络上的数据被其他用户截获。

（二）用户验证：密码控制

建议在无线网络的适配器端使用网络密码控制。

由于无线网络支持使用笔记本或其他移动设备的漫游用户，因此精确的密码策略是增加一个安全级别，这可以确保工作站只被授权人使用。

（三）数据加密

对数据的安全要求极高的系统，例如金融或军队的网络，需要一些特别的安全措施，这就要用到数据加密的技术。借助于硬件或软件，数据包在被发送之前被加密，只有拥有正确密钥的工作站才能解密并读出数据。

数据加密技术是最基本的安全技术，被誉为信息安全的核心，最初主要用于保证数据在存储和传输过程中的保密性。它通过变换和置换等各种方法将被保护信息置换成密文，然后再进行信息的存储或传输，即使加密信息在存储或者传输过程为非授权人员所获得，也可以保证这些信息不为其认知，从而达到保护信息的目的。该方法的保密性直接取决于所采用的密码算法和密钥长度。

根据密钥类型不同可以将现代密码技术分为两类：对称加密算法（私钥密码体系）和非对称加密算法（公钥密码体系）。在对称加密算法中，数据加密和解密采用的都是同一个密钥，因而其安全性依赖于所持有密钥的安全性。对称加密算法的主要优点是加密和解密速度快，加密强度高，且算法公开，但其最大的缺点是实现密钥的秘密分发困难，在大量用户的情况下密钥管理复杂，而且无法完成身份认证等功能，不便于应用在网络开放的环境中。

对称加密算法、非对称加密算法和不可逆加密算法可以分别应用于数据加密、身份认证和数据安全传输等方面，下面分别介绍。

1. 对称加密算法

对称加密算法是应用较早的加密算法，技术成熟。在对称加密算法中，数据发信方将明文（原始数据）和加密密钥一起经过特殊加密算法处理后，使其变成复杂的加密密文发送出去。收信方收到密文后，若想解读原文，则需要使用加密过的密钥及相同算法的逆算法对密文进行解密，才能使其恢复成可读明文。在对称加密算法中，使用的密钥只有一个，发收信双方都使用这个密钥对数据进行加密和解密，这就要求解密方事先必须知道加密密钥。对称加密算法的特点是算法公开、计算量小、加密速度快、加密效率高。不足之处是，交易双方都使用同样密钥，安全性得不到保证。此外，每对用户每次使用对称加密算法时，都需要使用其他人不知道的唯一密匙，这会使得发收信双方所拥有的密匙数量成几何级数增长，密钥管理成为用户的负担。对称加密算法在分布式网络系统上使用较为困难，主要是因为密钥管理困难，使用成本较高。在计算机专网系统中广泛使用的对称加密算法有 DESJDEA 和 AES 等。

2. 不对称加密算法

不对称加密算法使用两把完全不同但又是完全匹配的一对密匙——公钥和私钥。在使用不对称加密算法加密文件时，只有使用匹配的一对公钥和私钥，才能完成对明文的加密和解密过程。加密明文时采用公钥加密，解密密文时使用私钥才能完成，而且发信方（加密者）知道收信方的公钥，只有收信方（解密者）才是唯一知道自己私钥的人。不对称加密算法的基本原理是，如果发信方想发送只有收信方才能解读的加密信息，发信方必须首先知道收信方的公钥，然后利用收信方的公钥来加密原文；收信方收到加密密文后，使用自己的私钥才能解密密文。显然，采用不对称加密算法，收发信双方在通信之前，收信方必须将自己早已随机生成的公钥送给发信方，而自己保留私钥。由于不对称算法拥有两个密钥，因而特别适用于分布式系统中的数据加密。

3. 不可逆加密算法

不可逆加密算法的特征是加密过程中不需要使用密钥，输入明文后由系统直接经过加密算法处理成密文，这种加密后的数据是无法被解密的，只有重新输入明文，并再次经过同样不可逆的加密算法处理，得到相同的加密密文并被系统重新识别后，才能真正解密。显然，在这类加密过程中，加密是自己，解密还得是自己，而所谓解密，实际上就是重新加一次密，所应用的"密码"也就是输入的明文。不可逆加密算法不存在密钥保管和分发问题，非常适合在分布式网络系统上使用，但因加密计算复杂，工作量相当繁重，通常只在数据量有限的情形下使用，如广泛应用在计算机系统中的口令加密，利用的就是不可逆加密算法。随着计算机系统性能的不断提高，不可逆加密的应用领域正在逐渐增大。

如果要求整体的安全性，加密是最好的解决办法。这种解决方案通常包括在有线网络操作系统中或无线局域网设备的硬件或软件的可选件中，由制造商提供，另外还可选择低价格的第三方产品。

（四）WEP 加密技术

IEEE802.11b、IEEE802.11a 以及 IEEE802.11g 协议中都包含有一个可选安全组件，名为无线等效协议（WEP），它可以对每一个企图访问无线网络的人的身份进行识别，同时对网络传输内容进行加密。尽管现有无线网络标准中的 WEP 技术遭到了批评，但如果能够正确使用 WEP 的全部功能，那么 WEP 仍提供了在一定程度上比较合理的安全措施。这意味着需要更加注重密钥管理、避免使用默认选项，并确保在每个可能被攻击的位置上都进行了足够的加密。

WEP 使用的是 RC4 加密算法，该算法是由著名的解密专家 Ron Rivest 开发的一种流密码。发送者和接受者都使用流密码，从一个双方都知道的共享密钥创建一致的伪随机字符串。整个过程需要发送者使用流密码对传输内容执行逻辑异或（XOR）操作，产生加密内容。尽管理论上的分析认为 WEP 技术并不保险，但是对于普通入侵者而言，WEP 已经是一道难以逾越的鸿沟。大多数无线路由器都使用至少支持 40 位加密的 WEP，但通常还支持 128 位甚至 256 位选项。在试图同网络连接的时候，客户端设置中的 SSID 和密钥必须同无线路由器匹配，否则将会失败。

根据 RSA Security 在英国的调查发现，67% 的 WLAN 都没有采取安全措施。而要保护无线网络，必须要做到三点：信息加密、身份验证和访问控制。WEP 存在的问题由两方面造成：一个是接入点和客户端使用相同的加密密钥。如果在家庭或者小企业内部，一个访问节点只连接几台 PC 的话还可以，但如果在不确定的客户环境下则无法使用。让全部客户都知道密钥的做法，无疑在宣告 WLAN 根本没有加密。另一个是基于 WEP 的加密信息容易被破译。802.11 无法防止攻击者采用被动方式监听网络流量，而任何无线网络分析仪都可以不受阻碍地截获未进行加密的网络流量。目前，WEP 有漏洞可以被攻击者利用，它仅能保护用户和网络通信的初始数据，并且管理和控制帧是不能被 WEP 加密和认证的，这样就给攻击者以欺骗帧中止网络通信提供了机会。不同的制造商提供了两种 WEP 级别，一种建立在 40 位密钥和 24 位初始向量基础上，被称为 64 位密码；另一种是建立在 104 位密码加上 24 位初始向量基础上的，被称为 128 位密码。高水平的黑客，要窃取通过 40 位密钥加密的传输资料并非难事，40 位的长度就拥有 2 的 40 次方的排列组合，而 RSA 的破解速度，每秒就能列出 2.45×10^9 种排列组合，几分钟之内就可以破解出来。所以 128 位的密钥是以后采用的标准。

虽然 WEP 有着种种的不安全，但是很多情况下，许多访问节点甚至在没有激活 WEP 的情况下就开始使用网络了，这好像在敞开大门迎接敌人一样。用 NetStumbler 等工具扫描一下网络就能轻易记下 MAC 地址、网络名、服务设置标识符、制造商、信道、信号强度、信噪比等的情况。作为防护功能的扩展，最新的无线局域网产品的防护功能更进了一步，利用密钥管理协议实现每 15min 更换一次 WEP 密钥，即使最繁忙的网络也不会在这么短的时间内产生足够的数据证实攻击者破获密钥。然而，一半以上的用户在使用 AP 时只是在其默认的配置基础上进行很少的修改，几乎所有的 AP 都按照默认配置来开启 WEP 进行加密或者使用原厂提供的默认密钥。

（五）MAC 地址过滤

MAC 地址是每块网卡固定的物理地址，它在网卡出厂时就已经设定。MAC 地址过滤的策略就是使无线路由器只允许部分 MAC 地址的网络设备进行通信，或者禁止那些黑名单中的 MAC 地址访问。MAC 地址的过滤策略是无线通信网络的一个基本的而且有用的措施，它唯一的不足是必须手动输入 MAC 地址过滤标准。

启用 MAC 地址过滤，无线路由器获取数据包后，就会对数据包进行分析。如果此数据包是从所禁止的 MAC 地址列表中发送而来的，那么无线路由器就会丢弃此数据包，不进行任何处理。因此对于恶意的主机，即使不断改变 IP 地址也没有用。

由于 802.11 无线局域网对数据帧不进行认证操作，攻击者可以通过非常简单的方法轻易获得网络中站点的 MAC 地址，这些地址可以被用来在恶意攻击时使用。

除通过欺骗帧进行攻击外，攻击者还可以通过截获会话帧发现 AP 中存在的认证缺陷，通过监测 AP 发出的广播帧发现 AP 的存在。然而，由于 802.11 没有要求 AP 必须证明自己真是一个 AP，攻击者很容易装扮成 AP 进入网络，通过这样的 AP，攻击者可以进一步获取认证身份信息从而进入网络。在没有采用 802.11i 对每一个 802.11 MAC 帧进行认证的技术前，通过会话拦截实现的网络入侵是无法避免的。

（六）禁用 SSID 广播

SSID（Service Set Identifier）是无线网络用于定位服务的一项功能，为了能够进行通信，无线路由器和主机必须使用相同的 SSID 在通信过程中，无线路由器首先广播其 SSID，任何在此接收范围内的主机都可以获得 SSID，使用此 SSID 值对自身进行配置后就可以和无线路由器进行通信。

毫无疑问，SSID 的使用暴露了路由器的位置，这会带来潜在的安全问题，因此目前大部分无线路由器都已经支持禁用自动广播 SSID 功能。但是禁用 SSID 在提高安全性的同时，也在某种程度上带来不便，进行通信的客户机必须手动进行 SSID 配置。

（七）端口访问控制技术（IEEE802.1x）和可扩展认证协议（EAP）

这是用于无线局域网的一种增强性网络安全方案。当无线工作站与无线访问点 AP 关联后，是否可以使用 AP 的服务要取决于 802.1x 的认证结果。如果认证通过，则 AP 为无线工作站打开这个逻辑端口，否则不允许用户上网。现在，安全功能比较全的 AP 在支持 IEEE 802.1x 和 Radius 的集中认证时支持的可扩展认证协议类型有 EAP-MD5&TLS、TTLS 和 PEAP 等。

（八）VPN-Over-Wireless 技术

它与 IEEE802.11b 标准所采用的安全技术不同，VPN 主要采用 DES.3DES 等技术保障数据传输的安全。对于安全性要求更高的用户，将现有的 VPN 安全技术与 IEEE802.11b 安全技术结合起来，是目前较为理想的无线局域网络的安全方案之一。

（九）IEEE802.11i 标准

IEEE802.11i 标准草案中主要包含加密技术：TKIP（Temporal Key Integrity Protocol）和 AES（Advanced Encryption Standard），以及认证协议 IEEE802.1x、IEEE 802.11i 将为无线局域网的安全提供可信的标准支持。

（十）WPA（Wi-Fi Protected Access 保护访问）技术

WPA 是 IEEE802.11i 的一个子集，其核心就是 IEEE802.1x 和 TKIP。新一代的加密技术 TKIP 与 WEP 一样基于 RC4 加密算法，且对现有的 WEP 进行了改进。TKIP 与当前 Wi-Fi 产品向后兼容，而且可以通过软件进行升级。

（十一）防止入侵者访问网络资源

这是用一个验证算法来实现的。在这种算法中，适配器需要证明自己知道当前的密钥。这和有线 LAN 的加密很相似。在这种情况下，入侵者为了将他的工作站和有线 LAN 连接也必须达到这个前提。

总而言之，随着无线网络应用的普及，无线网络的安全问题会越来越受到专家们的重视，由此而来的安全技术和举措也会日益成熟。

四、无线网络安全防范

（一）正确放置网络的接入点设备

从基础做起：在网络配置中，要确保无线接入点放置在防火墙范围之外。

（二）利用 MAC 阻止黑客攻击

利用基于 MAC 地址的 ACLs（访问控制表）确保只有经过注册的设备才能进入网络。MAC 过滤技术就如同给系统的前门再加一把锁，设置的障碍越多，越会使黑客知难而退，不得不转而寻求其他低安全性的网络。

（三）WEP 协议的重要性

WEP 是 802.11b 无线局域网的标准网络安全协议。在传输信息时，WEP 可以通过加密无线传输数据来提供类似有线传输的保护。在简便的安装和启动之后，应立即更改 WEP 密钥的缺省值。最理想的方式是 WEP 的密钥能够在用户登录后进行动态改变，这样，黑客想要获得无线网络的数据就需要不断跟踪这种变化。基于会话和用户的 WEP 密钥管理技术能够实现最优保护，为网络增加另外一层防范。

（四）WEP 协议不是万能的

不能将加密保障都寄希望于 WEP 协议。WEP 只是多层网络安全措施中的一层，虽然这项技术在数据加密中具有相当重要的作用，但整个网络的安全不应只依赖这一层的安全性能。而且，如前所述，由于 WEP 协议加密机制的缺陷，会导致加密信息被破解。也正是由于认识到了这一点，中国国家质检总局、国家标准委要求强制执行中国 Wi-Fi 的国家标准无线局域网鉴别和保密基础结构（WA-PI）。

（五）简化网络安全管理：集成无线和有线网络安全策略

无线网络安全不是单独的网络架构，它需要各种不同的程序和协议。制定结合有线和无线网络安全的策略能够提高管理水平，降低管理成本。例如，不论用户是通过有线还是无线方式进入网络时，都采用集成化的单一用户 ID 和密码。所有无线局域网都有一个缺省的 SSID（服务标识符）或网络名，立即更改这个名字，用文字和数字符号来表示。如果企业具有网络管理能力，应该定期更改 SSID，即取消 SSID 自动播放功能。

（六）不能让非专业人员构建无线网络

尽管现在无线局域网的构建已经相当方便，非专业人员可以在自己的办公室安装无线路由器和接入点设备，但是，他们在安装过程中很少考虑到网络的安全性，只要通过网络探测工具扫描就能够给黑客留下攻击的后门。因而，在没有专业系统管理员同意和参与的情况下，要限制无线网络的构建，这样才能保证无线网络的安全。

第三节　无线网络安全防护体系

一、无线网络安全保护原理

网络信息安全主要是指保护网络信息系统，使其没有危险、不受威胁、不出事故。从技术角度来说，网络信息安全主要表现在系统的可靠性、可用性、机密性、完整性、不可抵赖性和可控性等方面。

（一）可靠性

可靠性是网络信息系统能够在规定条件下和规定的时间内完成规定的功能特性。可靠性是系统安全的最基本要求之一，是所有网络信息系统的建设和运行目标。可靠性可以用公式描述为 R=MTBF/（MTBF+MTTR），其中 R 为可靠性，MTBF 为平均故障间隔时间，

M1TR 为平均故障修复时间。因此，增大可靠性的有效思路是增大平均故障间隔时间或者减少平均故障修复时间。增加可靠性的具体措施包括：提高设备质量，严格质量管理，配备必要的冗余和备份，采用容错、纠错和自愈等措施，选择合理的拓扑结构和路由分配，强化灾害恢复机制，分散配置和负荷等。

网络信息系统的可靠性测度主要有三种：抗毁性、生存性和有效性。

1. 抗毁性是指系统在人为破坏下的可靠性

例如，部分线路或节点失效后，系统是否仍然能够提供一定程度的服务。增强抗毁性可以有效地避免因各种灾害造成的大面积瘫痪事件。

2. 生存性是在随机破坏下系统的可靠性

生存性主要反映随机性破坏和网络拓扑结构对系统可靠性的影响。这里，随机性破坏是指系统部件因为自然老化等造成的自然失效。

3. 有效性是一种基于业务性能的可靠性

有效性主要反映在网络信息系统的部件失效情况下，满足业务性能要求的程度。例如，网络部件失效虽然没有引起连接性故障，但是却造成质量指标下降、平均延时增加、线路阻塞等现象。

可靠性主要表现在硬件可靠性、软件可靠性、人员可靠性、环境可靠性等方面。硬件可靠性最为直观和常见。软件可靠性是指在规定的时间内，程序成功运行的概率。人员可靠性是指人员成功地完成工作或任务的概率。人员可靠性在整个系统可靠性中扮演重要角色，因为系统失效的大部分原因是人为差错造成的。人的行为要受到生理和心理的影响，受到其技术熟练程度、责任心和品德等素质方面的影响。因此，人员的教育、培养、训练和管理以及合理的人机界面是提高可靠性的重要方面。环境可靠性是指在规定的环境内，保证网络成功运行的概率。这里的环境主要是指自然环境和电磁环境。

（二）可用性

可用性就像在信息安全资料里定义的那样，确保适当的人员以一种实时的方式对数据或计算资源进行的访问是可靠的和可用的。Internet 本身就是起源于人们对保证网络资源的可用性的需求。

无线局域网采用跳频扩频技术来进行通信，多个基站和它们的终端客户通过在不同序列的信道来运行相同的频率范围，但跳频频率不同，以允许更多的设备在同一时间发送和接收数据，而不至于造成冲突或通信量之间相互覆盖。跳频不仅可以获得更高的网络资源利用率，而且还可以提高访问网络的连续性。除非别人可以在你使用的每个频率上进行广播传送，否则通过在那些频率上进行随机跳频，就可以减少传输被覆盖、传输受损或传输中断的概率。就像你将在本书的后面部分里看到的那样，有意拒绝服务或网络资源被称为拒绝服务（Denial of Service，DoS）攻击。通过让频率在多个频率里自动改变，防止受到有意或无意的 DoS 攻击。

跳频的另一个额外优点是任何人想伪装或连接到你的网络上，他就必须知道你当前使用的频率和使用的顺序。要想改造利用固定通信信道的 802.11b 网络，需要重新进行手工配置，为无线通信设备选用另一个频道。

（三）机密性

保持信息的机密性是为了防止在发送者和接受者之间的通信受到有意或无意的未经授权的访问。在物理世界中，通过简单地保证物理区域的安全就可以保证机密性了。

在现在的无线通信网络里实施加密的办法是采用 RC4 流加密算法来加密传输的网络分组，并采用有线等价保密（Wired Equivalent Privacy，WEP）协议来保护进入无线通信网络所需的身份验证过程，而从有线网连接到无线网是通过使用某些网络设备进行连接的（事实上就是网络适配器验证，而不是用户利用网络资源进行加密的）。主要是因为这两种方法使用不当的原因，它们都会引入许多问题，其中这些问题有可能导致识别所使用的密钥，然后导致网络验证失效，或者通过无线通信网络所传输信息的解密失效。

由于这些明显的问题，强烈推荐人们使用其他经过证明和正确实现的加密解决方案，如安全 Shell（Secure Shell，SSH）、安全套接字层（Secure Sockets Layer，SSL）或 IPSec。

（四）完整性

完整性保证了信息在处理过程中的准确性和完备性。第一个出现的计算机通信方法并没有许多适当的机制来保证从一端传到另一端的数据的完整性。

为了解决这个问题，引进了校验和（checksum）的思想。校验和非常简单，就是以信息作为变量进行函数计算，返回一个简单值形式的结果，并且把这个值附加在将要发送信息的尾部。当接收端收到完整信息的时候，它会用同一个函数对收到的信息进行计算，并且用计算得到的值和信息尾部的值进行比较。

通常用来产生基本校验和的函数大体上是基于简单的加法和取余函数的。这些函数可能有时存在一些自身的问题，比如所定义函数的反函数不唯一，如果唯一的话，那么不同的数据就拥有不同的校验值，反之亦然。甚至有可能即使数据本身出现了两处错误，但是使用校验和进行校验的时候，结果仍然是合法的，因为这两个错误在校验和计算的时候可以相互抵消。解决这些问题的办法通常是通过使用更复杂的算法进行数字校验和计算。

循环冗余校验（Cyclic Redundancy Checks，CRC）是其中一个用来保证数据完整性较为高级的方法。CRC 算法的基本思想是把信息看成是巨大的二进制数字，然后用一个大小固定但数值很大的二进制数除这个二进制数。除完之后的余数就是校验和。与用原始数据求和作为校验和的做法不同，用长除法计算得到的余数作为校验和增加了校验和的混沌程度，使得其他不同数据流产生相同校验和的可能性降低了。

保障网络信息完整性的主要方法如下。

1. 协议

通过各种安全协议可以有效地检测出被复制的信息、被删除的字段、失效的字段和被修改的字段。

2. 纠错编码方法

由此完成检错和纠错功能，最简单和常用的纠错编码方法是奇偶校验法。

3. 密码校验和方法

它是抗篡改和传输失败的重要手段。

4. 数字签名

保障信息的真实性。

5. 公证

请求网络管理或中介机构证明信息的真实性。

（五）不可抵赖性

不可抵赖性也称为不可否认性。在网络信息系统的信息交互过程中，确信参与者的真实同一性。即所有参与者都不可能否认或抵赖曾经完成的操作和承诺。利用信息源证据可以防止发信方不真实地否认已发送的信息，利用递交接收证据可以防止收信方事后否认已经接收的信息。

（六）可控性

可控性是对网络信息的传播及内容具有控制能力的特性。

概括地说，网络信息安全与保密的核心是通过计算机、网络、密码技术和安全技术，保护在公用网络信息系统中传输、交换和存储的信息的可靠性、可用性、机密性、完整性、不可抵赖性和可控性等。

二、无线网与有线网的安全性比较

人们往往在使用有线网时对安全性表示满意，而一旦使用无线方式传输就开始变得担心起来。他们认为，有线网是在公司的楼内，潜在的数据窃贼也必须通过有线连接至电缆设备，同时面对其他安全手段的防范，就像有线网具有内在的安全性一样。

　　而当网络中没有连线时，由于无线局域网通过无线电波在空中传输数据，因此在数据发射机覆盖区域内的几乎任何一个无线局域网用户都能接触到这些数据。无论接触数据者是在另外一个房间、另一层楼或是在本建筑之外，无线就意味着会让人接触到数据。与此同时，要将无线局域网发射的数据仅仅传送给一名目标接收者是不可能的。而防火墙对通过无线电波进行的网络通信起不了作用，任何人在视距范围之内都可以截获和插入数据。

　　因此，虽然无线网络和无线局域网的应用扩展了网络用户的自由：它安装时间短，增加用户或更改网络结构时灵活、经济，可提供无线覆盖范围内的全功能漫游服务。然而，这种自由也同时带来了新的挑战，这些挑战其中就包括安全性。而安全性又包括两方面：一是访问控制；另一个就是机密性。访问控制确保敏感的数据仅由获得授权的用户访问；机密性则确保传送的数据只被目标接收人接收和理解。由上可见，真正需要重视的是数据保密性，但访问控制也不可忽视，如果没有在安全性方面进行精心的建设，部署无线局域网将会给黑客和网络犯罪开启方便之门。

　　对付有线网安全问题的几种方法已为人们所熟悉，而无线网段上的一些内置的安全特性通常不为人所知，这使得人们认为有线网比无线网具有更好的安全性。

　　无线局域网通常内置的安全监测特性使其比大多的布线局域网都要安全得多，其理由是：

　　第一，无线局域网采用的无线扩频通信本身就起源于防窃听技术。

　　第二，扩频无线传输技术本身使盗听者难以捕捉到有用的数据。

　　第三，无线局域网采取完善网络隔离及网络认证措施。

　　第四，无线局域网设置有严密的用户口令及认证措施，防止非法用户入侵。

　　第五，无线局域网设置附加的第三方数据加密方案，即使信号被盗听也难以理解其中的内容。

　　而下面所描述的，无线技术本身，特别是目前合适的局域网工具，提供在无线网产品上附加的总体安全性。WaveLAN 提供一系列的射频局域网产品设计来为有线网用户提供无线服务。WaveLAN 产品包括接入点 WavePOINT-H，它相当于无线到有线的网桥或集线器（Hub）；工作站和笔记本适配器（WaveLAN/ISA 和 WaveLAN/PCMCIA 等无线网卡），它们将桌面和移动用户通过 WavePOINT-H 连接到有线网络等。

三、无线网络安全措施

（一）扩展频谱技术

　　扩展频谱技术是指发送信息带宽的一种技术，又称为扩频技术，这样的系统就称为扩展频谱系统或扩频系统。扩展频谱技术包括以下几种方式。

1. 直接序列扩展频谱，简称直扩

　　记为DS(Direct Sequence)，直接序列扩频(Direct Sequence Spread Spectrum)工作方式。

2. 跳频

记为FH(Frequency Hopping)，跳频扩频(Frequency Hopping)工作方式(简称FH方式)。

3. 跳时

记为 TH（Time Hopping）。

4. 线性调频

记为 Chirp。线性调频（Chirp Modulation）工作方式（Chirp 方式）。

除以上四种基本扩频方式以外，还有这些扩频方式的组合方式，如 FH/DS、TH/DS、FH/TH 等。在通信中应有较多的主要是 DS/FH 和 FH/DS。

扩展频谱技术发展很快，不仅在军事通信中发挥出了不可取代的优势，而且广泛地渗透到通信的各方面，如卫星通信、移动通信、微波通信、无线定位系统、无线局域网、全球个人通信等。从一开始它就被设计成抗噪声、抗干扰、抗阻塞和抗未授权检测。在扩展频谱方式中，信号可以跨越很宽的频段，数据基带信号的频谱被扩展到几倍至几十倍再被搬移至射频发射出去。这一做法虽然牺牲了频带带宽，但由于其功率密度随频谱的展宽而降低，甚至可以将通信信号淹没在自然背景噪声中，因此其保密性很强。要截获或窃听、侦测这样的信号是非常困难的，除非采用与发送端相同的扩频码与之同步后再进行相关的检测，否则对扩频信号是无能为力的。由于扩频信号功率谱密度很低，在许多国家，如美国、日本、欧洲等国家对专用频段，如 ISM（Industrial Scientific Medical）频段，只要功率谱密度满足一定的要求，就可以不经批准使用该频段。

（二）运用扩展服务集标识号（ESSID）

对于任何一个可能存取 Net 接入点的适配器来说，（以 Breeze 产品为例）AP-10PR0.11 首先决定这个适配器是否属于该网络，或扩展服务集。AP-10PR0.11 判断适配器的 32 位高符的标识（ESSID）是否和它自己的相符。即使有另外一套 Net 产品，也没有人能够加入网络或学习到跳频序列和定时。ESSID 编程入 SA-10PR0.11、SA-40PR0.11 和 AP-10PR0.11，并且在一个安装者密码的控制下，而且只能通过和设备的直接连接才能修改。

如果需要在一个网络上有分别的网段，比如财务部门和单位其他部门拥有不同的网段，那么你可以编写不同的 ESSID。如果你需要支持移动用户和扩大带宽而连接多个 AP-10PR0.11，那么它们的 ESSID 必须设置成一致而跳频序列应该不一样。所有这些设置都受 AP-10PR0.11 安装者密码的控制。

由于有了 32 位字符的 ESSID 和 3 位字符的跳频序列，你会发现对于那些试图经由局域网的无线网段进入局域网的人来讲，想推断出确切的 ESSID 和跳频序列有多么困难。

（三）建立用户认证

推荐在无线网的站点使用口令控制 —— 当然未必要局限于无线网。诸如 Novell Net Ware 和 Microsoft NT 等网络操作系统和服务器提供了包括口令管理在内的内建各级完全服务。口令应处于严格的控制之下并经常予以变更。由于无线局域网的用户要包括移动用户，而移动用户倾向于把他们的笔记本电脑移来移去，因此严格的口令策略等于增加了一个安全级别，它有助于确认网站是否正被合法的用户使用。

（四）数据加密

"加密"也是无线网络必备的一环，能有效提高其安全性。所有无线网络都可加设安全密码，窃听者即使千方百计地接收到数据，若无密码，想打开信息系统也无计可施。假如你的数据要求极高的安全性，比如说是商用网或军用网上的数据，那么你可能需要采取一些特殊的措施。最高级别的安全措施就是在网络上整体使用加密产品。数据包中的数据在发送到局域网之前要用软件或硬件的方法进行加密。只有那些拥有正确密钥的站点才可以恢复、读取这些数据。

另外，全面安全保障的最好方法是加密，而目前许多网络操作系统具有加密能力，基于每个用户或服务点、价位较低的第三方加密产品均可胜任。像 MCAFee Assicoate 的 Net Crypto 或 Captial Resources Snere 等加密产品能够确保唯有授权用户可以进入网络读取数据，而每个用户应支付一定的费用。鉴于第三方加密软件开发商致力于加密事务，并可为用户提供最好的性能、质量服务和技术支持。

（五）其他安全措施

无线局域网还有些其他好的安全特性。首先，无线接入点会过滤那些对相关无线站点而言毫无用处的网络数据，这就意味着大部分有线网络数据根本不会以电波的形式发射出去；其次，无线网的节点和接入点有个与环境有关的转发范围限制，这个范围一般是几百英尺，这使得窃听者必须处于节点或接入点的附近。最后，无线用户具有流动性，他们可能在一次上网时间内由一个接入点移动至另一个接入点，与之对应，他们进行网络通信所使用的跳频序列也会发生变化，这使得窃听几乎毫无可能。

第四节　无线网络窃听技术

窃听技术是在窃听活动中使用的窃听设备和窃听方法的总称。当今，窃听技术已在许多国家的官方机构、社会集团乃至个人之间广泛使用，成为获取情报的一种重要手段，窃听设备不断翻新，手段五花八门。"窃听技术"的内涵非常广泛，特别是高档次的窃听设备或较大的窃听系统，应该包括诸如信号的隐蔽、加密技术、工作方式的遥控、自动控制技术、信号调制、解调技术以及网络技术、信号处理、语言识别、微电子、光电子技术等现代科学技术的很多领域。这里讲的"窃听技术"，主要是指获取信息的技术方法，也包括获取信息的传递方法。

一、窃听技术分类

（一）电话窃听

窃听电话用得比较多的是落入式电话窃听器。这种窃听器可以当作标准送话器使用，用户察觉不出任何异常。它的电源取自电话线，并以电话线做天线，当用户拿起话机通话时，它就将通话内容用无线电波传输给在几百米外窃听的接收机。这种窃听器安装非常方便，从取下正常的送话器到换上窃听器，只要几十秒钟时间。可以以检修电话为名，潜入用户室内安上或卸下这种窃听器。

还有一种米粒大小的窃听电话用发射机，将它装在电话机内或电话线上，肉眼观察很难发现。这种窃听器平时不工作，只有打电话时才工作。

在架空明线上安装两只伪装成绝缘瓷瓶的窃听器，跨接在电话线路上。其中一只装有窃听感应器、发射机和蓄电池；另一只则装有窃听感应器和蓄电池。当线路上通过电话、电报、传真信号电流时，经过两只窃听感应器，将感应信号送到发射机，固定在架线杆顶部的天线就能将信号发射出去，被约 1km 外的接收机所接收。因为蓄电池是太阳能电源，所以能长期使用。

此外，利用电话系统某一部分窃听室内谈话，用得比较多的是"无限远发送器"，也叫谐波窃听器。窃听者可以利用另一部电话，对目标房间的电话进行遥控。当目标电话中的"无限远发射器"收到遥控信号后，便自动启动窃听器，窃听者就可以在远离目标房间的另一部电话中，窃听目标房间内的谈话内容。

（二）无线窃听

20 世纪 70 年代开始，随着大规模集成电路和微电子技术的发展，无线窃听技术水平得到空前的提高。首先，窃听器体积的微型化程度越来越高。有的无线窃听器仅一粒米大小，伪装起来也更加巧妙，窃听器可以隐藏在钢笔、手表、打火机、鞋跟中，甚至人的器官也成了无线窃听器材的安装场所。

（三）微波窃听

有些物体如玻璃、空心钢管等制成一定形状后，既能对说话的声波有良好的振动效果，又能对微波有良好的反射效应。巧妙地将这种物体放在目标房内，在一定距离向它们发射微波，这些物体反射回来的微波中就会包含有房内说话音的成分，用微波接收机接收并解调后，就能获得目标在房内讲话的内容。

（四）激光窃听

当房间内有人谈话时，窗子的玻璃会随声波发生轻微振动，而同时玻璃又能对激光有一定反射，声波在反射回来的激光中反映出来，经过激光接收器的接收，再经过解调放大，就能将室内的谈话声音录制下来。这种窃听器最大优点是不需要到目标房内安装任何东西，作用距离可达 300～500m。

二、无线窃听

无线窃听就是由传声器所窃取的谈话信号，不经过金属导线，而通过无线电波送到窃听装置的接收机上。无线窃听接收机接收到这些无线电波后，经过检波、滤波、放大，即可把窃听到的谈话还原出来，或用录音机记录下来。无线窃听器不仅不需要专门敷设传输线路，而且由于现代电子技术的发展，特别是半导体集成电路的出现，能使无线窃听的性能达到比有线窃听还高的水平。无线窃听发射机的体积越来越小，重量越来越轻，窃听发射机工作时间越来越长，灵敏度越来越高。例如：

（一）虫戚

这是苏联克格勃（苏联国家安全委员会）在 20 世纪 50 年代中期研制成功，并得到广泛应用的一种微型无线电窃听器。它的体积只有火柴盒大小，不易被人发觉。它可以用气枪弹射到窃听目标，并像虫戚一样粘贴在窃听目标上。

如果把"虫戚"弹射到一间房子的墙外，它就能够清晰地听到那间屋子里面所说的每句话和发出的每一种声音。这样，间谍不必蹑手蹑脚地接近目标，就可以窃取秘密，做到"隔墙有耳"了。

"虫戚"还有较强的发射能力，它可以用超短波将所收到的声音发射到直径为 8m 的范围之内，用一个灵敏度很高的接收机就能收到。如果在一个警卫森严的大楼里举行秘密会议，只要在这座大楼的墙外装上这种窃听器，然后在 8m 以内，靠一台特制的接收机，就可以把"虫戚"发来的电波收录下来，还可以立即把每句有用的话立即译成密码，用打字机打出来。

（二）Kg 和 KgR

这是 20 世纪 60 年代前后，苏联克格勃研制生产并广泛应用的另一种无线电窃听器，它的性能远远地超过了"虫戚"。

克格勃加以改造更新，使它的体积微缩到半英寸（1 英寸约 0.0254m）左右。它小巧玲珑，只要偷放在房间任何一个不被人注意的地方，如烟灰缸里、花瓶里，或者是挖空的桌脚里，就能很好地拾音。

当克格勃把它的体积微缩到 1/3 英寸时，它的拾音能力却又增大了 1 倍。当这种窃听器被人们发现和了解的时候，它的体积已被改进微缩到只有大头针那么大了。

Kg 有一个致命的弱点，就是它的发射能力很弱。克格勃只能在 l/4km 的范围内接收它窃听来的声音。为了解决这个问题，克格勃把 Kg 再一次更新改造，研制出 Kg 之子——KgR。

KgR 是一种更微型化的窃听装置，其拾音和发射能力都比 Kg 强，可以在比 Kg 和"虫威"更远的地方收录它窃听来的各种声音。Kg 和 KgR 为苏联克格勃的窃听活动立下了汗马功劳。

（三）苍蝇

20 世纪 60 年代，美国中央情报局和加利福尼亚伊温有限公司共同研制出一种微型窃听器。它只有大头针针头大小，可以连续工作 4h，能够向 20m 以外的地方发出它窃听来的情报。

只要把这个窃听装置粘在苍蝇的背上，苍蝇就携带着它，通过门上的钥匙孔或通风口飞进房间去执行窃听任务。

在苍蝇出发之前，还要让它先吸一口神经毒气，这种毒气在预定的时间内发挥效力。苍蝇到达目的地后，很快就毒发身亡，跌落在墙角或桌旁等不被人注意的地方。这样就可以使它身上的窃听器不致受到苍蝇发出的嗡嗡声的干扰而正常运转，把房间里所有的声音点滴不漏地窃听下来。

（四）独角仙

据称其具有世界最高的窃听性能。从前的窃听器，都是不加辨别地把所有声音都窃录下来。如果把房间里的收音机放大音量，在一片噪声中进行谈话，就可以防止窃听。

"独角仙"摒弃了它同类的不足，具有能辨录声音的优良性能。它能在一片混杂的音响中，排除各种杂音，只把它需要的声音录下来。这样一来，放出杂声以防窃听的方法就不那么灵验了。"独角仙"在五花八门的窃听器中，因有这样的选择功能而独占鳌头。

到了 20 世纪 70 年代，无线窃听技术又有了新的发展，尤其在防侦测方面更有了新的进步。一是频率提高了。无线窃听器的工作频率已由过去的几十兆赫提高到几百兆赫，甚至在千兆赫以上，超出了普通广播接收机的工作范围，避免了被一般广播接收机所接收的可能性。二是窃听发射机的射频输出功率显著减小了。现在无线窃听发射机的射频输出功率一般只在 1～10mW 之间。这样小功率的发射机，敌方较难接收到它的信号。三是普遍采用了无线电波加密技术。通过加密的无线电波，普通的调频调幅全波段接收机便检测不到这种无线电波，即使收到，也解不出任何信息来，而只能听到一片噪声或杂乱无章的干扰声。四是采用了无线遥控工作方式，即无线窃听发射机的工作由窃听者遥控。以上这些措施，在很大程度上提高了无线窃听发射机的防侦测性能。

三、无线网络窃听

无线局域网（WLAN）因其安装便捷、组网灵活的优点在许多领域获得了越来越广泛的应用，但由于它传送的数据利用无线电波在空中传播，发射的数据可能到达预期之外的接收设备，因而WLAN存在着网络信息容易被窃取的问题。在网络上窃取数据就叫窃听(也称嗅探)，它是利用计算机的网络接口截获网络中数据包文的一种技术。一般工作在网络的底层，可以在不易被察觉的情况下将网络传输的全部数据记录下来，从而捕获账号和口令、专用的或机密的信息，甚至可以用来危害网络邻居的安全或者用来获取更高级别的访问权限、分析网络结构进行网络渗透等。

WLAN中无线信道的开放性给网络窃听带来了极大的方便。在WLAN中网络窃听对信息安全的威胁来自其被动性和非干扰性，运行监听程序的主机在窃听的过程中只是被动地接收网络中传输的信息，它不会跟其他的主机交换信息，也不修改在网络中传输的信息包，使得网络窃听具有很强的隐蔽性，往往让网络信息泄密变得不容易被发现。尽管它没有对网络进行主动攻击和破坏的危害明显，但由它造成的损失也是不可估量的。只有通过分析网络窃听的原理与本质，才能更有效地防患于未然，增强无线局域网的安全防护能力。

(一) 网络窃听原理

要理解网络窃听的实质，首先要清楚数据在网络中封装、传输的过程。根据 TCP/IP 协议，数据包是经过层层封装后，再被发送的。假设客户机 A、B 和 FTP 服务器 C 通过接入点 (AP) 或其他无线连接设备连接，主机 A 通过使用一个 FTP 命令向主机 C 进行远程登录，进行文件下载。那么首先在主机 A 上输入登录主机 C 的 FTP 口令，FTP 口令经过应用层 FTP 协议、传输层 TCP 协议、网络层 IP 协议、数据链路层上的以太网驱动程序一层一层包裹，最后送到了物理层，再通过无线的方式播发出去。主机 C 接收到数据帧，并在比较之后发现是发给自己的，接下来它就对此数据帧进行分析处理。这时主机 B 也同样接收到主机 A 播发的数据帧，随后就检查在数据帧中的地址是否和自己的地址相匹配，发现不匹配就把数据帧丢弃。这就是基于 TCP/IP 协议通信的一般过程。

网络窃听就是从通信中捕获和解析信息。假设主机 B 想知道登录服务器 C 的 FTP 口令是什么，那么它要做的就是捕获主机 A 播发的数据帧，对数据帧进行解析，依次剥离出以太帧头、IP 报头、TCP 报头等，然后对报头部分和数据部分进行相应的分析处理，从而得到包含在数据帧中的有用信息。

在实现窃听时，首先，设置用于窃听的计算机，即在窃听机上装好无线网卡，并把网卡设置为混杂模式。在混杂模式下，网卡能够接收一切通过它的数据包，进而对数据包解析，实现数据窃听。其次，实现循环抓取数据包，并将抓到的数据包送入下一步的数据解析模块处理。最后，进行数据解析，依次提取出以太帧头、IP 报头、TCP 报头等，然后对各个报头部分和数据部分进行相应的分析处理。

(二) 相应防范策略

尽管窃听隐蔽而不易被察觉，但并不是没有防范方法，下面的策略都能够防范窃听。

1.加强网络访问控制

一种极端的手段是通过房屋的电磁屏蔽来防止电磁波的泄漏，通过强大的网络访问控制可以减少无线网络配置的风险。同时，配置勘测工具也可以测量和增强 AP 覆盖范围的安全性。虽然确知信号覆盖范围可以为 WLAN 安全提供一些有利条件，但这并不能成为一种完全的网络安全解决方案。攻击者使用高性能天线仍有可能在无线网络上窃听到传输的数据。

2.网络设置为封闭系统

为了避免网络被 NetStumbler 之类的工具发现，应把网络设置为封闭系统。封闭系统是对 SSID 标为"any"的客户端不进行响应，并且关闭网络身份识别的广播功能的系统。它能够禁止非授权访问，但不能完全防止被窃听。

3.用可靠的协议进行加密

如果用户的无线网络是用于传输比较敏感的数据，那么仅用 WEP 加密方式是远远不够的，需要进一步采用像电子邮件连接的 SSL 方式。它是一个介于 HTTP 协议与 TCP 协议之间的可选层，SSL是在TCP之上建立了一个加密通道，对通过这一层的数据进行加密，从而达到保密的效果。

4.使用安全 Shell 而不是 Telnet

SSH 是一个在应用程序中提供安全通信的协议。连接是通过使用一种来自 RSA 的算法建立的。在授权完成后，接下来的通信数据是用 IDEA 技术来加密的。SSH 后来发展成为 F-SSH，提供了高层次的、军方级别的对通信过程的加密。它为通过 TCP/IP 网络通信提供了通用的最强的加密。目前，还没有人突破过这种加密方法，窃听到的信息自然将不再有任何价值。此外，使用安全拷贝而不是用文件传输协议也可以加强数据的安全性。

5.一次性口令技术

通常的计算机口令是静态的，极易被网上嗅探窃取。采用 S/key 一次性口令技术或其他一次性口令技术，能使窃听账号信息失去意义。S/key 的原理是远程主机已得到一个口令（这个口令不会在不安全的网络中传输），当用户连接时会获得一个"质询"信息，用户将这个信息和口令经过某个算法运算，产生一个正确的"响应"信息（如果通信双方口令正确的话）。这种验证方式无须在网络中传输口令，而且相同的"质询/响应信息"也不会出现两次。

网络窃听实现起来比较简单，特别是借助良好的开发环境，可以通过编程轻松实现预期目的，但防范窃听却相当困难。目前还没有一个切实可行、一劳永逸的方法。在尽量实现上面提到的安全措施外，还应注重不断提高网管人员的安全意识，做到多注意、勤检查。

第七章 计算机网络信息安全与防护策略研究

第一节 计算机网络信息安全中数据加密技术

互联网是全球覆盖的，伴随着互联网的产生和广泛传播，计算机网络应用范围获得了极大的推广，运用互联网平台让全球几十亿用户充分享受到其中的便利，也优化了人际沟通。但是，计算机网络安全问题却不容忽视，安全事故频发的问题为人们敲响警钟，也让人们认真思考如何运用恰当的技术手段来保障计算机网络安全。数据加密技术就是计算机网络安全的一项重要措施，能够保护个人以及企业的文件信息安全，避免信息被盗取等问题的发生，也让人们的信息保密需求得到了充分满足。为了维护企业的安全发展，保障国家安全，就必须加强对数据加密技术的有效应用，使其更好地为计算机网络安全发展提供助力。

一、计算机网络安全中数据加密技术的重要性

现如今，随着科学技术的不断发展，计算机网络在我国的普及范围越来越广，它给人们的日常工作、学习和生活带来了诸多的便利。然而，计算机网络的安全性问题也随之出现，并引起了人们高度的关注和重视。据不完全统计，由于计算机网络的安全性不足，致使个人信息、企业数据泄漏的情况时有发生，并且在最近几年里这种情况呈现出增长的态势，如果不加以控制，则会对计算机网络的发展带来不利的影响。通过研究发现，造成计算机网络信息泄露的主要因素有以下几种：①非法窃取信息。数据在计算机网络中进行传输时，网关或路由是较为薄弱的节点，黑客通过一些程序能够从该节点处截获传输的数据，若是未对数据进行加密，则会导致其中的信息泄露。②对信息进行恶意修改。对于在计算机网络上传输的数据信息而言，如果传输前没有采用相关的数据加密技术使数据从明文变成密文，那么一旦这些数据被截获，便可对数据内容进行修改，经过修改之后的数据再传给接收者之后，接收者无法从中读取出原有的信息，由此可能会造成无法预估的后果。③故意对信息进行破坏。当一些没有获得授权的用户以非法的途径进入用户的系统中

后，可对未加密的信息进行破坏，由此会给用户造成严重的影响。为确保计算机网络数据传输的安全性，就必须对重要的数据信息进行加密处理，这样可以使信息安全获得有效保障。可见，在计算机网络普及的今天，应用数据加密技术对于确保计算机网络的安全显得尤为重要。

二、影响计算机网络安全的因素

（一）计算机网络操作系统的安全隐患

计算机操作系统是整个计算机系统运行的核心部分，每项程序开始运行前都需要通过操作系统的处理，而一旦操作系统出现故障将会影响到整个计算机中程序的正常运行，是影响计算机网络安全的重要因素之一。在现实生活中，许多黑客等不法分子常常会利用计算机网络操作系统的漏洞如 CPU、硬盘等的漏洞侵入计算机系统中，在控制计算机运行的同时，窃取和篡改其中的数据信息，还会对操作系统实行一定的破坏手段，让用户的计算机无法继续正常工作。在此过程中，不法分子还会利用一些病毒软件等干扰和窥视数据信息的传输，造成信息内容的丢失并获取用户的重要信息，常给用户带来不同程度的损失。因此，为增强计算机网络的安全，就需要用户谨慎使用相关程序软件，优化操作系统的配置，避免给不法分子以可乘之机。

（二）数据库系统管理的安全隐患

现今，许多用户十分重视自身计算机网络的安全，并常运用不同的数据加密技术来增强其安全性。但由于计算机数据库系统在数据的处理方面具有独特的方式，其本身又存在一定的安全隐患，进而加大了计算机网络运行的不安全性。同时，数据库系统是按照分级管理制度进行的，一旦数据库本身出现问题将会直接影响计算机的正常运行，用户将无法顺利开展计算机活动。这是生活中导致出现计算机网络安全事故的重要因素之一，严重时会给用户带来较大的损失。

（三）计算机网络应用的安全隐患

如今，网络的便利性已渗透到各个领域中，用户可以利用手机、计算机等在网络上查询、传播和下载所需的数据信息。但在使用过程中，由于网络平台具有开放性特征，而网络环境又缺乏规范有效的法律法规的约束，导致计算机网络常常出现不同的安全隐患。生活中许多用户在利用网络开展计算机活动时，常常会受到一些不明的攻击，导致用户的活动难以顺利进行。同时，一些不法分子也会根据计算机协议中的漏洞破坏计算机网络的安全，例如在用户注册 IP 时进行侵入，并突破用户权限，进而获取用户计算机中的相关数据信息。

三、数据加密技术的种类

（一）节点加密技术

为数据进行加密的目的实际上是确保网络当中信息传播不受损害，而在数据加密技术的不断发展过程中，此项技术的种类逐步增多，为计算机网络安全的维护工作带来了极大的便利。节点加密技术就是数据加密技术当中的一个常见类型，在目前的网络安全运行方面有着十分广泛的应用，使得信息数据的传播工作变得更加便利，同时数据传递的质量和成效也得到了安全保障。节点加密技术属于计算机网络安全当中的基础技术类型，为各项网络信息的传递打下了坚实的安全根基，最为突出的应用优势是成本低，能够让资金存在一定限制的使用者享受到资金方面的便利性。但是，节点加密技术在应用中也有缺点，那就是传输数据过程当中有数据丢失等问题的产生，所以在今后的技术发展当中还要对此项技术进行不断的优化和完善，消除技术漏洞，解决数据丢失类的问题。

（二）链路加密技术

链路加密技术发挥作用的方法是加密节点中的链路进而有效完成数据加密的操作。这项加密技术在计算机网络安全当中同样有着广泛的应用。该技术应用当中显现出的突出优势，主要表现在能够在加密节点的同时，还能够对网络信息数据展开二次加密处理。这样就建立起了双重保障，让网络信息数据在传播方面更具安全保障，也确保了数据的完整性。人们在看到链路加密技术突出优势的同时，也要看到它的不足。处在不同加密阶段，运用的密钥也有所差异，因此在解密数据的过程当中，必须要应用差异化的密钥来完成解密，在解密完成之后才能够让人们阅读到完整准确的数据信息。而这样的一系列操作过程会让数据解密工作变得更加复杂，提高了工作量，让数据传递的效率受到严重的影响。

（三）端到端加密技术

这项加密技术是数据加密技术当中极具代表性的一项技术类型，也是目前应用相当广泛的技术，其优势是较为明显的。端到端加密技术指的是从数据传输开始一直到结束都实现均匀加密，这样各项数据信息的安全度大大提升，也有效避免了病毒、黑客等的攻击。从对这一加密技术的概念确定上就可以看到，端到端的加密技术比链路加密技术要更加完善，加密程度也有了较大提高。端到端加密技术的成本不高，但是发挥出的加密效果是相当突出的，可以说有着极大的性价比，因而在目前的计算机网络安全当中应用十分广泛，为人们维护数据信息安全创造了有利条件。

四、数据加密技术在计算机网络安全中的应用价值

（一）应用价值

在用户使用计算机前，经过系统的身份认证才可以浏览各项数据信息的技术被称为数

据签名信息认证技术。数据签名信息认证技术的应用能够有效防止未经授权的用户浏览和传输系统中的重要信息，极大增强了计算机数据信息的保密性。数据签名信息认证技术主要分为口令认证和数字认证两种，口令认证的操作流程比较简单，投入的成本也比较少，因而得到的应用较为广泛；数字认证具有较高的复杂性，因其是对数据传输进行加密，所以其安全性要更高一些。

（二）链路数据加密技术的应用价值

链路数据加密技术指的是详细划分数据信息传输路线，进行针对性的加密处理，采用密文方式进行数据传输的技术。链路数据加密技术在现实中的应用也比较广泛，它能有效防止黑客入侵窃取信息，极大增强计算机系统的防护能力。而且，链路数据加密技术还能起到填充数据信息以及改造传输路径长度的重要作用。

（三）节点数据加密技术的应用价值

节点数据加密技术强化计算机网络安全的功能需要利用加密数据传输线路来实现，虽然可以为信息传输提供安全保障，但是其不足之处也是比较明显的信息接收者只能通过节点加密方式来获取信息，这比较容易受到外部环境的影响，导致信息数据传输的安全风险依然存在。

（四）端端数据加密技术的应用价值

端端数据加密技术能极大增强数据信息的独立性，某一条传输线路出现了问题并不会影响到其他线路的正常运行，从而保持计算机网络系统数据传输的完整性，有效减少了系统的投入成本。

五、数据加密技术在计算机网络安全中的应用

（一）数据加密技术的运用

随着科技的发展，如今数据加密技术也在不断改进，其种类和功能也逐渐多样化，如数据传输和存储加密技术、数据鉴别技术等。它主要是由明文、密文、算法和密钥构成的，在计算机网络安全中具有极高的应用价值，也是目前应用较为广泛的一种技术。该项技术主要利用密码算法对网络中传输的信息数据实行加密处理手段，同时还会利用密钥将同一种信息转变为不同的内容，进而保障了信息传输的安全。在实际的运用中，其加密方式主要有链路加密、网络节点加密以及不同服务器端口之间的加密等。在互联网金融迅速发展的当下，网络金融交易方式非常火爆，人们常通过网络进行网上交易、支付等。但由于计算机网络安全隐患的加剧以及一些网络诈骗事件的爆出，导致计算机网络中的互联网金融系统的安全问题引起社会热议，同时也使得人们不断提高对其安全性的要求。在此形势下，数据加密技术在银行等金融机构的互联网金融系统中得到了广泛应用，并将该项技

术与自身的计算机网络系统紧密结合起来，形成了具有强大防护功能的防火墙系统，进而在网络交易系统运行过程中，传输的相关数据信息会在防火墙系统中进行运作，随后再将其传输到计算机的网络加密安全设施中。该设施会对数字加密系统进行安全检查，并能够及时发现计算机网络中的安全隐患，再利用防火墙系统的拦截功能，有效保障交易的安全，从而顺利完成网上交易。

（二）密钥密码的运用

数据加密技术的首要功能便是保密，而密钥密码便是其中常用的一种数据信息保密方式。它主要包括私人密钥和公用密钥两种，前者是指运用同一种密钥密码对传输的文件信息进行加密和解密。这种方式看起来安全性较高，但由于在传输过程中，当传输者和接受者的目的不统一时，便会导致实际的信息传输存在一定的安全隐患，私人密钥将无法有效发挥保密功能。对此，就需要采用公用密钥的方式来保障信息传输的安全性。例如，在利用信用卡进行消费时，往往需要消费者通过解密密钥的方式来解开信用卡中的信息，随后其相关信息会传递到银行，以确保信息的准确性。但同时，这样也会使消费者的信用卡中的一些信息留在终端 POS 机中，进而给不法分子留下可乘之机，导致信用卡诈骗事件的产生，给许多信用卡持有者带来较大的损失。对此，在技术的不断革新中，如今的密钥密码技术将消费者信用卡中的密钥分别以不同密钥的形式设置在终端和银行中，消费者在进行刷卡时，终端 POS 机上只会留下银行的信息，进而保障了消费者信用卡信息的安全，让消费者可以放心刷卡购物。

（三）数字签名认证技术的运用

认证技术是提高计算机网络安全的一项重要技术，通过对用户信息的认证进而达到保障网络安全的目的，它也是数据加密技术中的重要组成部分。如今，最常用的认证技术便是数字签名认证技术，它主要是利用加密解密计算的方式对用户的相关信息进行认证。在实际的运用中最为广泛的便是认证私人和公用密钥。其中私人密钥认证的程序较为复杂，需要认证人和被认证人都掌握密钥才能进行正常应用，并且需要有第三方进行监督，才能真正保障密钥的安全性。而公用密钥只须将公用的、不固定的密钥、密码传递给认证人，便可以进行解密，既优化了认证程序，又达到了数据加密、保护计算机网络信息安全的目的。

（四）数据加密技术在电子商务中的应用

在计算机网络的迅猛发展环境下，我国的商业贸易对计算机网络的应用不断地扩大，进而也促进了电子商务的产生和发展。而在发展电子商务的过程中，网络安全问题成为人们重点关注的一项内容。因为电子商务发展当中产生的数据信息需要进行高度保密，这些信息是企业和个人的关键数据，有着极大的价值，如果被他人盗用或者是出现泄漏的话，会影响到个人以及企业的权益。数据加密技术为电子商务的安全健康发展提供了重要路径，同时也在数据保护方面增加了力度。具体而言，在电子商务的交易活动当中可以通过应用数据加密技术做好用户身份验证和个人数据保护，尤其是要保护个人的财产安全，构建多重检验屏障，让用户在安全的环境下购物。比方说，在网络中心安全保障方面，可以在数据加密技术的支持之下加强对网络协议的加密，在安全保密的环境之下完成网络交易，保障交易双方的切身利益。

（五）数据加密技术在计算机软件中的应用

计算机软件持续运行，受到病毒、黑客等入侵的事件时有发生，严重威胁到了计算机软件的使用安全，也让人们受到了极大的安全威胁。在这样的条件下，必须做好计算机软件的保护工作，选用恰当的数据加密技术维护软件应用的安全。在维护计算机软件的安全方面，数据加密技术的作用通常体现在以下几方面：①非用户开始用计算机软件如果没有输入正确密码，就不能够运行软件，这样非用户想要获得软件当中的数据信息就不能够实现。②在病毒入侵之时，很多运用了加密技术的防御软件会及时发现病毒，并对其进行全面阻止，阻挡病毒入侵。③用户在检查程序和加密软件的过程中如果能够及时发现病毒，就要对其进行立即处理，避免病毒长期隐藏，威胁个人数据信息安全。

（六）数据加密技术在局域网中的应用

就目前而言，企业在运行发展当中对于数据加密技术的应用十分广泛，主要目的是维护企业运行安全，避免重要信息泄露，维护企业的利益。有很多企业为了在管理方面更加方便快捷，会在企业内部专门设立局域网，以便能够更加高效地进行资料的传播以及组织会议等。将数据加密技术应用到局域网当中是维护计算机网络安全的重要内容，也是企业健康发展不可或缺的条件。数据加密技术在局域网当中发挥作用，通常会体现在发送者在发送数据信息的同时会把这些信息自动保存在企业路由器当中。而企业路由器通常有着较为完善的加密功能，可以对文件进行加密传递，而在到达之后又能够自动解密，以消除信息泄露的风险。所以，企业要想推动自身的长远发展，保障自身利益不受侵害，提高企业的竞争力水平，就要加大对数据加密技术的研究和开发力度，对此项技术进行大范围的推广应用，使其在局域网当中的效用得到进一步的提升。

目前现代科技正在迅猛发展，科技创新力度逐步增强，而大量的科技成果也开始广泛应用到人们的生产生活当中，让人们的交流更加便利，也让生产生活进行得更加顺畅。人们在看到现代科技带来的喜人成果时，也要认识到其对人类带来的威胁，特别是数据信息的安全威胁。在计算机网络的普及应用和发展进程中，数据信息数量增多，而安全性得到了极大的挑战。针对这一问题，人们要进一步加大数据加密技术的研究，对数据加密技术进行不断的完善和优化，并将其扩展应用到计算机网络安全的各方面，净化网络系统，让计算机网络的作用得到最大化的体现。

第二节　大数据时代下计算机网络信息安全问题

一、大数据时代以及计算机网络信息安全相关概述

"大数据"是一种规模大到在获取、存储、管理、分析方面大大超出了传统数据库软件工具能力范围的数据集合，具有海量的数据规模、快速的数据流转、多样的数据类型和价值密度低四大特征。大数据技术的战略意义不在于掌握庞大的数据信息，而在于对这些含有意义的数据进行专业化处理。目前，我国计算机技术的迅速发展和应用已经成为当前我国社会繁荣发展和进步的重要力量。并且，当前我国的各个行业企业的运营和发展已经离不开计算机网络技术。而计算机网络技术作为当前综合性较强的一门学科，其在研发和发展的过程中涉及网络技术、密码技术、通信技术等多门学科。

计算机网络技术还具有开放性、虚拟性和自由性的特征。首先，计算机的开放性是指计算机网络中的一些相应的信息可以进行资源共享，进而最大限度地使用户的交流变得便捷。其次，计算机网络技术虚拟性的特点表现在，计算机网络本身就是一个规模极大的虚拟空间，而数亿万计的用户可以在这个庞大的虚拟空间内进行一定的学习和娱乐等。最后，计算机网络技术的自由性的特征是指享用计算机网络技术的人员在进行一定的操作过程中，其能够不受任何地域、时间以及空间的限制，通过对计算机技术的应用，操作者可以轻而易举地得到其想要的信息。

但是尽管如此，计算机网络技术也给计算机网络信息的安全带来了严重的问题。一些不法分子正是通过对计算机技术特征的应用，将病毒或者是其他程序植入电脑系统中，从而进行违法活动。

二、大数据时代背景下计算机网络安全防护措施

（一）杜绝垃圾邮件

在众多网络病毒中，长期接受垃圾邮件是传染电脑病毒的一个重要的来源。垃圾邮件因其本身具有不稳定性和来源不明性而成为破坏计算机网络安全的一大重要因素，而杜绝垃圾邮件的主要方法在于熟练掌握保护自身的邮件地址的方式，将自己的邮件地址隐蔽起来，切忌随随便便在网络上登记与应用自己的邮件地址。通过这样的方法可以有效地避免接收到垃圾邮件，从而降低电脑被入侵的概率。同时，值得注意的是，Outlook-Express 和

Faxmail 中都附有邮件管理这一项重要的功能，一旦掌握了此种方法就可以为用户过滤大量的垃圾邮件，从而免于垃圾邮件的骚扰。在当今的网络发展阶段，很多邮箱都自己附带着自动回复的功能，而正是这个常人不会觉得有什么问题的不起眼的功能，却是方便于垃圾邮件进入用户电脑的罪魁祸首。为此，用户应小心使用这一功能，利用其积极方面，避免其消极方面。除此之外，用户应尽量不要打开来路不明的邮件，且对此不要做出回复，这样也可以使用户免于垃圾邮件的骚扰。

（二）增强网络安全意识

完整科学的安全管理机制是实现计算机网络安全管理的基石，合理分配好各个网络技术人员的岗位职责，摒弃参差不齐的安全标准，确定统一的衡量标准，从而提高网络安全管理的水平，对于重要的信息数据要采取加密处理和备份处理，以防不时之需。严格禁止网络人员泄露重要的信息数据，并且要定期维护计算机网络系统，从而增强网络用户的文明上网意识。无论是使用网络的个人还是机构企业都必须高度关注网络安全问题，并且深刻意识其重要性。特别是拥有高度机密的网络数据信息的个人和机构，更是需要用专业技术保障，对使用的网络环境加强安全管理，制定一系列的防范措施，以保障数据信息的安全性。一方面，务必从大层面宏观角度关注网络安全管理，充分意识到网络安全的重要性，搭建动态的科学、有效的网络系统管理制度，运用专业的计算机技术对网络进行安全管理，保障网络的安全性。另一方面在于主观防护意识的加强，自身务必认识到网络安全管理的重要性，培养自主防护意识，养成规范文明的网络操作行为习惯，能够主动意识到非法网站、病毒网站，拒绝使用或传播该类网站，减少网络安全隐患。总而言之，计算机网络安全问题关系到人们生活的方方面面，因此需要采用切实可行的解决方案，对于增强计算机使用安全功能是重中之重。只有人们都增强网络的安全意识，才能够共同营造出安全的、和谐的网络环境，才能对人们的生活有益处。

（三）防范及治理网络病毒

在大数据时代下，网络病毒的种类繁多，大多数具有独特性，并且种类还在不断增加，对于其的治理难度也在不断提高。网络病毒的治理的核心是防患于未然，必须积极主动做好网络病毒的防护措施，对计算机软件安装计算机安全防护卫士，加强防火墙的建设，定期或不定期更新网络病毒库、执行病毒查杀程序，检测排除网络安全隐患，做好网络安全壁垒的搭建，提升网络安全性。还须需提高网络使用者的网络安全意识，培养良好的防范的安全观念，以使在出现网络安全问题时及时处理。

（四）防范网络黑客

在海量的数据背景下，网络黑客运用非法手段突破被入侵者的计算机网络安全系统，窃取数据信息，其为大数据时代网络信息安全的重大安全隐患之一。所以，应利用海量数据信息的整合优势，充分了解黑客的网络攻击模型，进而合理制定科学的反黑客系统。除了反黑客系统外，还可以通过加强计算机防火墙的配置、限制隔离开外部网络和内部网络等基础性防护措施来降低黑客攻击的可能性。也可以通过先进的数字认证技术，控制网络访问数据，运用合理科学的认证方式，这样能够有效地避免非法用户访问其计算机网络，从而有效防护网络安全。

（五）及时有效修复网络漏洞

大数据时代背景下，数据信息更迭较快，各类网络系统不断更新，相对的网络漏洞也在逐渐增多，所以对于所使用的软件、程序等网络系统均需要定期或不定期更新，保证其属于最新版本，从而使计算机系统正常安全运转，尽可能减少网络漏洞。在计算机出现漏洞提醒时，务必及时更新修补漏洞，减少网络安全隐患。一般情况下，在计算机中安装常见的安全防护软件，软件时刻保护网络系统安全，并会定期或不定期地检测计算机网络漏洞情况，并提示修复，链接所需补丁程序，执行流程化的网络安全服务，科学有效地保护网络安全。

（六）合理应用安全检测防护系统

当下，计算机网络科技水平不断提升，网络黑客水平愈加专业，网络病毒种类日新月异，当然网络科技专业人员水平也在不断提高，以应对各类网络安全问题。又因网络科技专业人员较少，大部分个人、机构均需要使用专业人员开发的网络安全软件，以保证所使用的网络环境安全。其中最常用的为安全检测系统，其主要任务包括网络病毒查杀、网络系统升级、网络漏洞补丁防护等。合理应用网络信息的安全防护技术对于安全检测至关重要，因为只有这样才能够搭建既稳定又合理的计算机信息安全管理系统。

（七）注重账号安全保护

在使用计算机网络系统时，不可避免会涉及各种各样的账号，比如说，人们可能会登录计算机系统账号、工作账号、网银账号、QQ 账号、邮箱账号、微信账号等，这些账号几乎都会涉及用户的隐私和财产，账号密码一旦被泄露必然会对人们的正常生活造成影响。因此，在大数据时代，做好计算机网络信息安全工作时，首先应当注重账号安全保护。在使用各种网络账号时，要注意设置高难度的密码，尽可能不要运用一些具有虚拟货币信息的账号登录不安全的第三方网站。同时，不可同一个密码多个账号一起使用，这样一旦出现突发性信息安全事件，可能会使用户的其他账号也受到侵袭，使得用户隐私泄露。最后，要勤换密码，维护账号安全，而且为了安全起见，用户还可以购买一些有助于维护账号安全的软件，提高账户安全性。

（八）网络监测和监控

网络监测和监控相对于前面提到的几种技术来说更为优越，其对计算机网络信息安全的维护作用也更高，是近些年来比较热门的一项技术。入侵监测技术的主要作用就是检测监控网络在使用中是否存在被滥用或者存在被入侵的风险。当前入侵检测采用的分析技术有统计分析法和签名分析法。统计分析主要是运用统计学知识对计算机运行过程中的动作模式进行判断，检测其运行过程中是否存在一些对计算机网络信息安全不利的因素。而签名分析法则是对已经掌握的系统弱点进行攻击行为上的检测。网络监测和监控，一般主要是应用于企业和政府部门，个人用户应用比较少。该技术的应用为计算机网络信息安全保护提供了一定的检测技术基础。

（九）数据保存和流通加密

数据保存和流通是计算机网络信息交流的基础，是计算机所具有的普遍特性，在大数据时代做好数据保存和流通是计算机网络安全性保护策略的基本要求。一般在进行数据保存和流通时，人们都会对一些重要的文件进行加密，文件加密能够有效地提高信息系统安全性，防止数据被窃取、毁坏。当前的文件流通加密方式主要有两种，即线路加密和端对端加密，线路加密更为注重的是对线路传输的安全保护，在数据线路传输中通过不同密匙对需要保密的文件进行保护。而端对端的加密则需要借助加密软件将发送的目标文件进行实时加密，通过将文件中的可见文件转换为密文的方式进行安全信息传递，进而达到加密目的。这两种加密方式虽然能够较好地保障计算机网络信息的安全，但是对工作人员的计算机水平要求比较高，也给相关工作的开展带来了较多的不便。

在大数据时代下，计算机网络科技广泛应用于社会的各方各面，网络信息安全问题备受社会关注，其对于社会经济的发展有着巨大的影响，所以对于网络信息安全的防范具有深远的意义。随着科技专业水平的不断提升，对于网络病毒、黑客的防护，网络安全管理，网络本身的完善，以及各种安全防护系统的技术水平也在不断提高，不断优化完善计算机网络安全体系，健全安全管理系统，从而保障大数据时代下拥有安全纯净的计算机网络环境。

第三节　计算机网络信息安全分析与管理

一、保证计算机网络信息安全的重要意义和内涵

（一）保证计算机网络信息安全的重要意义

我国的科技水平日益提高，计算机网络技术也随之发展，网络存储已经成为生活和工作中主要存储信息的方式之一。所以，网络信息的保密和不泄漏，与国家、企业、个人的利益息息相关，对于公司企业的运作有着重要的意义。所以，网络信息安全管理技术的完善，是保障国家企业利益良性发展的前提，网络信息安全问题，是我国目前计算机领域首

要关注的问题。所以，计算机信息的安全保障，与国家和个人的利益紧密相连，对于公司企业的安全运营也起着很关键的作用。

（二）保证计算机网络信息安全的内涵

保证网络信息技术安全的主要目的，就是要保证所存储的信息不得丢失，这些信息大到国家机密，小到个人私密信息，还包括了各个网站运营商对于用户所提供的各类服务。要建立一个完善的计算机管理系统，就要对计算机网络信息做一个全面的了解，并按照信息所带有的特点制定与之相对应的安全措施。计算机网络安全指的是通过一定的网络监管技术和相应的措施方式，把某个网络环境中的数据信息安全严密地保护起来。计算机网络安全由两方面构成：一个是物理安全方面，另一个是逻辑安全方面。物理安全就是指具体的设备和相关的硬件设施不受物理的破坏，避免人工或机械的损坏或者丢失等。逻辑安全指的是信息的严密性、可用性、完整性。

二、计算机网络信息安全分析

（一）遭受网络病毒攻击

病毒攻击一般经网络渠道来传播，比如在浏览网页时就容易被病毒入侵，也可能以邮件的方式来传播。对于用户本身来说，被感染病毒时都可能不会察觉，久之，整个计算机的系统就会受到破坏。所以，在使用被病毒感染的计算机时，如果文件没有加密，那么其信息很可能遭受泄漏，导致一系列连锁反应。还有用户在远程控制需求状态时，计算机内的信息资料有被篡改的风险。

（二）计算机硬件和软件较为落后

计算机用户的配置正常，软件正规，那么网络安全风险肯定会降低很多。所以在发现计算机的硬件比较老旧时，要及时替换，避免安全隐患。在当前环境下，黑客的攻击手段越来越多样化，其在社交网站上的表现也越来越活跃，越来越多的受害者表示曾遭遇数字勒索。所以，计算机硬件的落后，也会造成一定的信息风险。在软件上，要选择正版软件，并及时更新杀毒，在使用时尽量打开防火墙，做到全方位的保护，才能确保网络信息的安全。

三、计算机网络信息安全的管理

（一）加强对计算机专业人才的培养

要加强计算机网络信息安全的管理，除了对计算机本身各方面的安全规范要求以外，还有一点比较重要的就是加强对于计算机这方面的人才培养力度。拥有专业化强的人才，是我国计算机发展的基础要点，才能使我国整体的计算机水平不断提升，争取早日达到领先的水平。随着我国国力的增强，计算机用户越来越多，蕴含的风险因素就越多，所以，加强我国计算机专业化人才的培养显得格外重要。只有加强对计算机信息技术的高级人才的培养，才能使我国的各个领域共同发展，避免与国际脱轨。

（二）使计算机用户的网络安全意识得到提高

计算机在应用领域越来越广，用户也越来越多，但对于某些人来说，有一些初学者的存在，这些人在计算机安全使用上，不具备相关的知识，对于病毒和漏洞等网络危险因素，缺少一定的防范意识，导致了计算机出现风险事故。所以，对于计算机用户来说，可以适当进行网络安全方面的教育，让其拥有一定的安全意识，做到自己可以安全使用计算机，及时更新补丁和查杀病毒，这样才能减少计算机出现的风险。

（三）要有相关的网络安全协议的制定

据相关人士的分析得出的结论，只有硬件和软件的使用得到规范，网络安全才能得到保障。所以，要解决网络安全问题，出台相关的制度条令和协议就变得重要起来。这个协议在计算机数据传输过程中，受到危险攻击，这时候要做出什么样的应对策略，才能把这些问题解决，避免用户受到更大的损失。所以，对于和网络有关的设备，制定有效的制度，在网络资源访问时需要密码等用户相关信息时要有专门人员来解决。对于传输中的数据，也要进行加密处理，在这样多重防护下，才能确保计算机的安全使用。这样的做法就算预防信息被攻击获取，攻击者也没办法明白其表达的意思。

（四）计算机信息加密技术应用

随着近年来网上购物的飞速发展，第三方支付系统出现，支付宝、微信、网上银行等货款交易都是在线上进行，对计算机防护系统提出了更高的标准，计算机加密技术成为最常用的安全技术，即所谓的密码技术，现在已经演变为二维码技术、验证码技术对账户进行加密，以保证账户资金安全。

计算机病毒呈现出了传染性强、破坏性强、触发性高的特点，迅速成为计算机网络信息安全中最为棘手的问题之一。针对病毒威胁，最有效的方法是对计算机网络应用系统设防，将病毒在计算机应用程序之外。通过扫描技术对计算机进行漏洞扫描，如若出现病毒，即刻杀毒并修复计算机运行中所产生的漏洞和危险。对计算机病毒采取三步消除策略：第一步，病毒预防，预防低级病毒侵入；第二步，病毒检验，包括病毒产生的原因，如数据段异常，针对具体的病毒程序做分析研究登记，方便日后杀毒；第三步，病毒清理，利用杀毒软件杀毒。现有的病毒清理技术需要计算机病毒检验后进行研究分析，具体情况具体分析，利用不同杀毒软件杀毒，这也正是当前计算机病毒清理技术的落后性和局限性所在。我们应当开发新型杀毒软件，研究如何清除不断变化着的计算机病毒，该研究对技术人员的专业性要求高，对程序数据精确性要求高，同时对计算机网络信息安全具有重要意义。

（五）完善改进计算机网络信息安全管理制度

根据近些年来的计算机网络安全问题事件，许多网络安全问题的产生都是由于计算机管理者内部疏于管理，未能及时更新防护技术，检查计算机管理系统，使得病毒、木马程序有了可乘之机，为计算机网络信息安全运行留下了巨大安全隐患。

我们应该高度重视计算机网络信息安全管理制度的建立，有条件的以单位应当成立专门的信息保障中心，具体负责日常计算机系统的维护、漏洞的检查、病毒的清理工作，以保护相关文件不受损害。

建议组织开展信息系统等级测评，同时坚持管理与技术并重的原则，邀请专业技术人员开展关于"计算机网络信息安全防护"的主题讲座，增加员工对计算机网络安全防护技术的了解，对信息安全工作的有效开展起到很好的指导和规范作用。

（六）加强网络环境监管，肃清网络环境

对于网络系统的安全管理，管理者应该从网络系统的源头进行管理和维护，必须加大对努力。

（七）健全制度体系，确保管理到位

要确保计算机网络系统安全管理和维护工作的有效开展，必须构建完善的管理和维护制度体系，明确企业或机构网络安全管理和维护的第一责任人，将相关的管理和维护责任落实到个人，让相关管理和维护人员明确自身的职责，以更好地开展网络安全管理和维护工作。

（八）强化安全意识，做好宣传工作

相关企业和机构要高度重视网络与信息安全管理工作，为普及网络安全知识，增强企业和相关机构的网络安全意识，可以积极组织开展网络系统安全教育活动，联合相关的网络信息化服务和安全管理部门，面向广大员工和高校学生开展信息网络安全宣传教育活动。宣传教育中，宣传人员可以通过摆放展板、播放视频、发放宣传册、解答咨询、与相关人员进行互动等形式，传播预防网络电信诈骗、辨别网络虚假信息、抵制网络谣言等常识，提醒广大员工和学生群体增强网络安全意识和自我保护意识，正确安全使用网络，并呼吁大家把网络安全知识带回家，告诉自己的亲朋好友，发动全民共同参与，做到安全用网，文明上网，共同营造和谐安全稳定的网络环境。在宣传中，还可以结合身边真实案例，就个人隐私泄露、数据丢失、被安装木马软件、被盗取个人资料信息等案例进行讲解，并就防范各类网络诈骗知识进行宣传。

（九）细化防范措施，进行风险排查

针对网络与信息安全管理的各环节，制定有效的方法措施，加强网络接入管理。规范计算机设备命名和 IP 地址使用管理，建立"部门＋使用人名称"的命名规则，确保计算机命名和 IP 地址——对应，加强终端设备安全管理。定期对机房各类设备全面检修维护，及时排除不安全因素和故障，完善计算机安全使用保密管理措施，明确规定办公电脑不得使用来历不明，未经杀毒的软件、光盘、U 盘等载体，尤其是做到内网和外网计算机不能互插 U 盘。针对计算机网络安全的主要风险源，组织相关人员对计算机是否有内网及终端设备违规外联情况进行彻底检查，确保检查面全覆盖，网管员要负责对范围内的计算机进行全面的安全检查，利用杀毒软件再次对每一台电脑体检，及时安装补丁。针对每台电脑，要确保完善基础资料，对于大型企业和事业单位来说，对于所有内网计算机进行风险排查，工作量大。借此机会，网管员可以对每台计算机相关信息做好登记，建立电子台账，为以后的设备维护及网络故障修复提供基础资料。可能影响计算机网络信息安全的主通过采取这些网络安全管理措施，可有效防止网络系统风险的发生，降低风险发生概率，实现网络安全管理效率的不断提升。

（十）加强专业培训，提升风险防范能力

为了提升全员网络安全防控和应对水平，促进网络安全管理取得实效，必须针对网络信息安全的主要威胁、常用的防护技术、跨平台的网络安全防护技术及网络安全防范体系建设等内容对相关人员进行培训。让相关网络管理人员在网络的构建和软件的编写上都需要注意安全防控和应对的细节，让"黑客"无从下手，保证用户使用网络的安全性。培训应该针对企业或机构中主要的网络安全管理人员进行。以近年以来省、市网络系统中出现的网络与信息安全事故为例，对单位网站和信息系统存在的安全问题进行剖析，对如何做好信息与网络安全工作提出意见，帮助广大网络安全管理工作者切实深化思想认识，高度重视网络与信息安全工作，解决网络信息安全工作存在的重点难点问题。加快建立健全网络与信息安全、医疗健康数据管理以及数据安全和隐私保护等规章制度，强化网络与信息安全技术监测、预警通报、风险评估和应急处置，重大活动期间实行网络与信息安全零报告制度。通过开展类似的网络安全管理培训活动，促进企业和机构的网络系统安全使用。

第四节　计算机网络信息安全及防护策略

进入 21 世纪以来，计算机以及互联网技术都得到了十分迅猛的发展，这对于人们日常生活质量以及工作效率的提高都起了积极的促进意义。如今计算机网络几乎在各行各业都有所渗透，再加上智能手机市场的不断发展，人们对于计算机网络信息的依赖性也在不断增强。但是需要着重指出的是，计算机网络在给人们生活和工作带来便利的同时，也使得人们在日常工作的过程中不得不面临着比较大的威胁，而最近几年相继发生的很多被案例就是十分好的证明。因此，在这样的时代大背景之下，有效地强化人们的计算机网络安全意识，不断加强计算机网络信息安全管理以及防护，对于我国计算机网络今后的健康发展也会起到十分积极的帮助作用。

一、我国计算机网络信息安全发展状况

伴随着计算机的不断普及以及互联网的不断发展，我国计算机网络在自身发展的过程中将会面临着越来越大的压力和挑战。另外，在计算机自身不断发展的过程中，其所涉及的领域以及技术相对来说还是比较广泛的，例如涉及计算机硬件技术、计算机软件技术、密码设置技术等等，这种情况也导致在对计算机网络进行管理和防护的过程中难度也比较大。

为了保证我国计算机网络在今后能够得以健康发展，由政府部门牵头开展了计算机网络信息安全机制建立以及技术研究的相关工作，力求能够通过不断加强计算机硬件以及软件的完善工作，将更多的安全处理技术融入计算机网络管理的过程当中。这种做法已经取得十分显著的效果，不但对人们计算机网络信息安全的防范意识进行了强化，同时也在很大程度上提高了民众防范计算机网络威胁的能力。在如此良好的大背景下也不能放松，要清楚地看到当前威胁和影响我国计算机网络信息安全的因素仍然还是存在的，相对应的我国计算机网络信息安全防护体系还不是十分健全和稳固。因此通过以上的相关论述就能够清楚地看到，有效地加强计算机网络信息安全管理和防护的工作在今后还有着很长的一段路。

二、可能影响计算机网络信息安全的主要因素

（一）网络系统自身的脆弱性

对于计算机网络来说，其与其他技术最为显著的一个差别就是自身拥有较为良好的开发性，极大降低了人们融入计算机网络中的门槛。为更多的人提供了便利，但是也导致自身在运行的过程中会遇到影响以及破坏，导致计算机网络从安全性方面的角度上来说面对着比较大的脆弱性。另外，在进行计算机操作系统编程的过程中，容易受到人为因素的影响，导致设计出来的计算机系统本身就存在一定的系统漏洞。最后，因特网在日常工作的过程中主要还是采用的是 TCP/IP 协议模式，这种模式自身的安全性相对比较低的，当自身进行网络链接和运行的过程中比较容易遇到不同类型的威胁或者攻击，而一旦这种情况发生却不能及时地进行拒绝服务或者对欺骗行为进行攻击，最终导致不安全行为的产生。

（二）自然灾害影响

自然灾害对于计算机网络也将会产生一定的威胁，虽然随着计算机的不断发展，目前绝大多数情况下都采用的是光纤信号传输，但是在一些极端天气，例如暴雨、闪电或者地震的时候，会给光纤传输网络造成十分大的影响。尤其是在一些较为偏远的地区更是如此，严重情况下甚至会对计算机网络造成毁灭性的打击。另外，当传输设备所处的环境不是十分理想的时候，也会导致一些问题的产生，例如，外部温度过高、湿度过大等，都难以保证计算机网络在今后能够稳定地正常运行和使用。

（三）恶意的网络攻击

从最近几年的实际情况来看，我国网络遭受了几次境外反对势力和不法分子有计划、有预谋的以黑客入侵为主要方式的恶意计算机网络攻击，而这种情况也是目前对计算机网络安全影响最大的一种网络攻击形式。从其攻击方式上来看主要可以分为主动性攻击以及被动性攻击两种，前者主要指的就是通过各种不正当的手段有选择性地对目标信息自身的有效性以及完整性进行破坏，试图造成目标信息网络无法顺利开展。而后者主要指的就是在不影响目标网络正常使用的大前提下，对其内部运行的数据以及信息进行破译、截取，希望通过这种方式能够盗取到该网络用户的一些比较重要或者机密的信息等。很多研究学者都明确指出，人为、有针对性地进行网络攻击行为在最近几年已经逐渐成为影响计算机网络的头号杀手，其不但可能造成用户使用信息出现泄露，更为严重的是可能会导致整个目标网络出现瘫痪，造成的损失是不可估计的。

（四）使用者自身失误

在日常使用计算机网络过程中，由于使用者自身能力以及水平的限制导致在实际使用

的过程中容易出现一些误操作，而这也是导致安全问题产生的一个十分重要的因素。虽然计算机技术在我国已经实现了普及，但是由于一些使用者自身的文化水平不是十分高，在使用的过程中也没有提高安全防范的意识，存在一定的侥幸心理以及疏忽大意，比较常见的一种现象就是在设置密码的时候过于简单，或者在使用的过程中将用户名和密码泄露给了别人等。而这些行为最终都将会导致计算机网络信息安全在一定程度上面临较大的威胁。

（五）电脑病毒

最近几年，电脑病毒横行，从之前的 CIH 病毒、熊猫烧香病毒，再到近期发生的网络勒索病毒，无论是病毒的种类还是病毒所造成的危害都是十分明显的。一旦计算机中病毒，将会导致计算机在使用的过程中面临十分大的威胁，严重情况下对于计算机网络信息整体安全也将会产生比较大的影响。计算机病毒在传播的过程中自身具有一定的隐蔽性和潜伏性等不容易被人们所察觉的特性，目前比较常见的集中传播途径主要有硬盘传播、软件传播、网络传播等。在具体的计算机程序执行的过程中，一旦感染了病毒，就会在短时间内触发及渗透到数据文件当中去，甚至在一些时候还会造成计算机系统出现紊乱的情况。另外，计算机病毒还能够通过复制或者传送文件的方式进行传播，而这些病毒轻则可能导致计算机工作效率降低，重则可能导致整个文件的使用受到影响，导致使用者的重要数据丢失，造成十分严重的危害和后果。

（六）垃圾邮件成为病毒传播载体

如今，越来越多的人在工作的过程中喜欢通过邮件的方式进行交流，而这种沟通方式也具有较好的系统性、公开性以及可广播性的特点，也为人们传输信息和文件提供了良好的渠道和平台。但是，从实际情况来看，在人们接收到的邮件当中，垃圾邮件的数量不断增多，这无论是对人们的日常生活还是对人们的工作都造成了不必要的麻烦。这些邮件的发送者一般都是通过事先窃取用户邮箱的相关信息，之后再将这些垃圾信息发送到用户的邮箱当中去，强迫用户进行接收操作。而在这些邮件当中可能就被植入了病毒文件，如果接收者在收到邮件之后轻易打开的话，就可能会导致计算机感染病毒。另外，一些具有高端技术手段的间谍，使用各种非法软件进到用户的计算机系统当中去，不断地窃取邮件内容以及用户的信息，发布有害信息，甚至进行盗窃等行为，而这些行为将会在很大程度上影响社会活动的正常进行。

三、加强计算机网络信息安全防护思考

（一）采用加密技术

加密技术的产生已经有很长一段时间，其主要指对计算机内部一些比较敏感的数据信

息进行有效的加密处理，而随着加密技术的不断完善，在进行数据处理的过程中比较常用的手段也是进行加密技术。从这种技术的本质上来看是一种相对来说较为开放的、对网络信息进行主动加固的技术和方法。目前在日常使用的过程中比较常见的加密技术主要包括：对称密钥加密的算法和基于非对称密钥的加密算法，前者的加密原理就是按照一定的算法对文件以及数据进行合理的处理，最终生产一串不可读的代码，之后再利用相关技术将该段代码转换成为之前的原始数据。

（二）访问控制技术

从目前实际情况来看，访问控制技术已经逐渐成为保障网络信息安全过程中的一个十分核心的技术，其作为核心的功能就是保证系统访问控制和网络访问控制。在进行系统访问的过程中主要还是为了给不同用户赋予完全不同的身份，而不同身份则具有了相应的访问权限。当用户进入系统当中的话，系统首先对其身份进行验证，之后系统再提供相应的服务。系统访问控制主要指的就是通过安全操作系统以及安全服务器来最终实现网络安全控制工作，其中，选择安全操作系统则可以针对计算机系统提供安全操作系统，并且还能够对所有网站进行实时的监控。当监控到的网站信息存在非法情况，可以提醒用户修改网站内容可能存在威胁，从而保证用户计算机能够得以安全运行。而服务器主要是针对局域网当中的所有信息传输进行有效的审核和跟踪，网络访问控制主要是对外部用户进行合理的控制，保证外部用户在对内部用户计算机信息进行使用的过程中能够安全可靠。

（三）身份认证技术

身份认证技术主要是通过主体身份与证据相互之间进行绑定而最终实现的，其中实体部分可以是主机，可以是用户，甚至可以是进程。而证据与实体身份之间呈现出的是一一对应的关系。在进行通信的过程中，实体一方能够向另外一方提供证据，用以证明自身的身份，而另外一方则可以通过身份验证机制对其所提供出来的证据进行有效的验证，最终保证实体与证据之间能够达到良好的一致性。这种方式能够对用户的合法身份、不合法身份进行有效的识别与验证，最大限度地防止非法用户对系统进行访问，从而最大限度地降低用户进行非法潜入的机会。

（四）入侵检测技术

入侵主要指的是在非授权的情况下对系统资源进行使用，在这种情况下可能会对系统数据安全性产生一定的影响，例如，造成数据丢失、破坏等情况的出现。从目前的实际情况来看，如果对入侵者进行划分的话，主要可以分为外部入侵以及允许访问但是进行有限制的入侵两种主要方式。而如果能够合理利用入侵检测技术的话，就能够对入侵行为进行及时的发现，之后再采取一系列针对性的防护手段。例如，对整个入侵行为进行有效的记录，之后再进行后续的跟踪和恢复，或者直接断开网络连接等。通过这种手段能够对入侵行为进行较为良好的诊断，真正地实现对计算机网络的全范围监控与保护。

（五）安装网络防火墙

安装网络防火墙可以有效地防止外部网络用户非法进入内部网络，加强网络访问控制，从而进行保护内部网络的运行环境。防火墙的技术有很多种，根据技术的不同，网络防火墙可分为代理类型、监视类型、地址转换类型和数据包过滤类型这几种。其中，代理防火墙位于服务器和客户端之间，可以完全阻断二者之间的数据交换。监控防火墙可以实时监控每一层数据，并积极防止外部网络用户未经授权的访问。同时，它的分布式探测器还可以防止内部恶意破坏。地址转换防火墙通过将内部 IP 地址转换为临时外部 IP 地址来隐藏真正的 IP 地址。数据包过滤防火墙采用数据包传输技术，可以判断数据包中的地址信息有效保障计算机网络信息的安全。

（六）安装杀毒软件

杀毒软件是用户最常使用的安全防护措施，同时也是可靠的安全防护手段，比较常用的有 360 杀毒软件、金山毒霸杀毒软件等。这些软件不仅能杀灭电脑病毒，还能防范特洛伊木马和一些黑客。此外，为了有效预防病毒，用户需要及时升级自己的杀毒软件，从而确保所使用的杀毒软件是最新版本，来防护最新的安全威胁。

（七）加强用户账号安全

用户账户包括网上银行账户、电子邮件账户和系统登录账户。加强用户账户的安全是防止黑客的最基本和最简单的方法。例如，用户可以设置复杂的账户密码，避免设置相同或类似的账户，定期更改账户密码。

（八）数字签名技术

数字签名技术是解决网络通信安全问题的有效手段。它可以实现电子文件的验证和识别。它在确保数据隐私和完整性方面发挥着极其重要的作用。其算法主要包括：DSS 签名、RSA 签名和散列签名。数字签名的实现形式包括：通用数字签名、对称加密算法的数字签名、基于时间戳的数字签名等。通常，使用对称加密算法在数字签名中使用的加密密钥与解密密钥相同。即使不相同，也可以根据它们中的任何一个导出另一个，并且计算方法相对简单。基于时间戳的数字签名引入了时间戳的概念，减少了对确认信息进行加密和解密的时间，减少了数据加密和解密的次数。这种技术适用于高数据传输要求的场合。

（九）入侵检测技术和文件加密技术

入侵检测技术是一种综合技术，它主要采用了统计技术、人工智能、密码学、网络通信技术和规则方法的防范技术。它能有效地监控计算机网络系统，防止外部用户的非法入侵。该技术主要可以分为统计分析方法和签名分析方法。文件加密技术可以提高计算机网络信息数据和系统的安全性与保密性，防止秘密数据被破坏和窃取。根据文件加密技术的特点，可分为数据传输、数据完整性识别和数据存储三种。

参考文献

[1] 蒋卫祥. 大数据时代计算机数据处理技术探究 [M]. 北京：北京工业大学出版社，2019.

[2] 周苏，王硕苹. 大数据时代管理信息系统 [M]. 北京：中国铁道出版社，2017.

[3] 温翠玲，王金嵩. 计算机网络信息安全与防护策略研究 [M]. 天津：天津科学技术出版社，2019.

[4] 雷敏. 网络空间安全导论 [M]. 北京：北京邮电大学出版社，2018.

[5] 石瑞生. 网络空间安全专业规划教材：大数据安全与隐私保护 [M]. 北京：北京邮电大学出版社，2019.

[6] 彭海朋. 网络空间安全基础 [M]. 北京：北京邮电大学出版社，2017.

[7] 王观玉，周力军，杨福建. 大学计算机 [M]. 成都：西南交通大学出版社，2019.

[8] 陈彪. 信息与网络空间安全 2016[M]. 上海：上海科学技术文献出版社，2017.

[9] 洪运国. 大数据背景下网络安全问题研究 [M]. 北京：北京理工大学出版社，2021.

[10] 慕德俊，李晓宇，郭森森. 基于大数据的网络信息内容安全 [M]. 西安：西北工业大学出版社，2021.

[11] 王瑞民. 网络空间安全技术丛书：大数据安全技术与管理 [M]. 北京：机械工业出版社，2021.

[12] 衣法臻. 大数据网络信息安全 [M]. 北京：新华出版社，2017.

[13] 徐君卿，翁正秋. 数据大爆炸时代的网络安全与信息保护研究 [M]. 北京：中国农业出版社，2021.

[14] 蔡迎兵. 大数据技术与计算机网络安全研究 [M]. 北京：原子能出版社，2019.

[15] 刘应君. 大数据时代网络安全治理 [M]. 武汉：湖北科学技术出版社，2017.

[16] 杨顺韬. 大数据技术与计算机网络安全研究 [M]. 长春：吉林教育出版社，2019.

[17] 傅文博. 大数据环境下网络安全优化管理研究 [M]. 长沙：中南大学出版社，2018.

[18] 王波. 大数据管理与网络安全研究 [M]. 北京：现代出版社，2016.

[19] 王莉莉. 大数据管理与网络安全研究 [M]. 长春：东北师范大学出版社，2016.

[20] 毕秀丽. 网络安全、大数公司境内外上市案例分析与法律风险防范 [M]. 北京：法律出版社，2020.

[21] 周红志. 大数据环境下网络安全管理研究 [M]. 天津：天津科学技术出版社，2017.

[22] 王中. 计算机网络信息安全与防护技术 [M]. 青岛：中国海洋大学出版社，2019.

[23] 秦燊.计算机网络安全防护技术 [M].西安：西安电子科技大学出版社，2019.

[24] 李芳，唐磊，张智.计算机网络安全 [M].成都：西南交通大学出版社，2017.

[25] 姚俊萍，黄美益.计算机信息安全与网络技术应用 [M].长春：吉林美术出版社，2018.

[26] 张媛，贾晓霞.计算机网络安全与防御策略 [M].天津：天津科学技术出版社，2019.

[27] 初雪.计算机信息安全技术与工程实施 [M].北京：中国原子能出版社，2019.

[28] 鲍鹏.计算机基础 [M].重庆：重庆大学出版社，2018.

[29] 罗森林.网络信息安全与对抗 [M].北京：国防工业出版社，2016.

[30] 汪宏伟.计算机应用基础及信息安全素养 [M].南京：河海大学出版社，2018.

[31] 王海晖，葛杰，何小平.计算机网络安全 [M].上海：上海交通大学出版社，2019.

[32] 严小红，靳艾.计算机网络安全实践教程 [M].成都：电子科技大学出版社，2017.

[33] 郭丽蓉，丁凌燕，魏利梅.计算机信息安全与网络技术应用 [M].汕头：汕头大学出版社，2019.

[34] 陆军.高等学校计算机公共课程"十三五"规划教材：大学计算机基础与计算思维 [M].北京：中国铁道出版社，2019.

[35] 吴晓刚.计算机网络技术与网络安全 [M].北京：光明日报出版社，2016.